地方志災異資料叢刊

第二編

16

于春媚 賈貴榮 編

國家圖書館出版社

第十六册目録

【嘉靖】徐州志

（明）梅守德修　（明）任子龍纂

抄本

災祥

州

春秋

襄公五年秋大雩先是楚伐宋取彭城鄭畔

中國附楚襄與諸侯共圍彭城城鄭虎牢以禦楚

有亢陽動象之應

漢

文帝元年四月齊楚地震五年十月楚王都彭城大風從東南來入市門殺人後元七年九月有星孛於西方其本直尾箕末指虛危長丈餘劉向以為尾宋地今楚彭城是時景帝初即位信用鼂錯削諸侯王地後三年楚並七國反

景帝三年十一月楚國呂縣有白頸烏與黑烏羣鬪白頸不勝墮泗水死者數千

宣帝本始二年熒惑守房之鈎占曰房為將相心

爲子屬其地宋今楚彭城十一月楚王交薨元康
元年鳳凰下彭城
成帝陽朔元年七月壬子月犯心星占曰房心爲
宋今楚彭城王莽天鳳六年青徐民饑多棄鄉里
流亡老弱死道路
後漢光武中元元年楚沛多蝗
明帝永平九年正月戊申客星出牽牛長八尺歷
建星至房南滅牽牛主吳越房心爲宋後廣陵王
荆楚王英謀逆事覺皆自殺廣陵屬吳彭城古宋

地
章帝初年兗豫徐三州大旱詔勿收田租芻藳其
以見穀賑給貧民元和三年白虎見彭城
和帝永元十六年二月詔兗豫徐冀四州比年雨
多傷稼禁沽酒
安帝永初四年夏四月司隸豫兗徐青冀五州蝗
七年九月調零陵桂陽丹陽豫章會稽租米賑給
南陽廣陵下邳彭城山陽廬江九江饑民
桓帝永興二年六月彭城泗水增長逆流

三國 魏明帝景初元年九月冀兗徐豫四州水災遣侍御史循行沒溺死亡及失財產者所在開倉賑救之二年九月淫雨冀兗徐豫四州水出溺殺人漂失財產

晉 武帝泰始四年九月青徐兗豫四州大水五年青徐兗三州水遣使賑卹之咸寧元年九月徐州大水三年兗豫徐青等七州大水傷秋稼詔賑給之是年三月星孛于胃胃徐州分

惠帝永平五年荊揚兗豫青徐六州大水遣御史

巡行賑貸六年三月彭城呂縣有流血東西百餘
步八年九月荊豫揚徐冀五州大水永寧元年自
夏及秋青徐幽并四州旱太安元年秋七月兗豫
徐冀四州大水
元帝太興元年七月東海彭城下邳臨淮四郡蝗
虫害禾稼二年徐揚諸郡蝗四年十二月月犯歲
星在房占曰其國兵饑人流亡
孝武帝寧康十年七月彭城饑旱先是諸將畧地
有事徐豫等州謝安又出鎮廣陵使子琰進次彭

城麪有軍役大元十三年戊辰天狗東北下有聲占曰有大戰流血十四年正月彭城妖賊劉黎稱僞號於皇丘劉牢之破滅之又彭城人劉象之家雞有三足十九年秋七月荆徐二州大水傷秋稼遣使賑卹之二十年夏六月荆徐二州又大水

穆帝升平元年十一月壬午月掩歲星在房占曰人餓一曰豫州有災二年閏三月乙亥月犯歲星在房占曰同上

安帝義熙二年十二月丁未熒惑太白皆入羽林

又合於壁三年正月慕容超冦淮北徐州至下邳

三年二月癸亥熒惑鎮星太白辰星聚於奎婁從

鎮星也徐州分是時慕容超僭號十一年七月癸

亥彗星出太微占曰彗出太微社稷亡元興十二

年五月歲星留房心之間宋之分野始封劉裕為

宋公後有天下

恭帝元熙三年六月河決滑州漂没公私廬舍歷

澶濮至徐州與清河合浸城壁不没者四版

南朝宋

文帝元嘉十七年八月徐兗青冀四州大

水遣使賑卹二十四年徐兗青冀四州大水

北魏宣武帝景元元年青齊徐兗四州大饑人死者萬餘口永平四年二月青齊徐兗四州民饑甚遣使賑卹

南陳宣帝太建十年二月癸亥日上有背占者曰其野失地有叛兵甲子吳明徹兵敗於吕梁將卒没于周淮南至徐州地盡入於周

唐太宗貞觀三年五月徐州蝗秋徐州水十九年二月徐州言騶虞見

高宗咸亨二年八月徐州山水漂百餘家
武則天萬歲通天元年八月徐州大水害稼
玄宗開元二十八年徐泗二州無蚕免今歲稅賦
德宗貞元十八年徐州獻嘉禾白兎
憲宗元和元年夏荆南及壽幽徐等州大水九年
三月鎮星大白合于奎占曰内兵徐州之分
文宗太和二年九月徐州李有華實可食三年宋
亳徐等州大水害稼六年六月徐州大雨敗壞民
居九百餘家開成二年六月徐州火延燒民居三

百餘家

懿宗咸通四年七月東都許汝徐泗等州大水傷稼六年徐州彭城民家鷄生角五年五月己亥夜漏未盡一刻有彗星出東北方色黃白長三尺在婁徐州分也九年正月彗星出於婁胃十月龐勛陷徐州甲辰大霧昏塞至於丙午

五代後晉天福四年徐州大火

宋太祖建隆元年九月徐州水損田乾德五年五星聚奎經星直魯分徐州白羊之域

太宗太平興國五年五月徐州白溝河溢入州城
毀民舍隄塘皆壞八年八月徐州清河漲丈七尺
溢出堤塞州三面門以禦之
真宗咸平二年九月壬寅徐州言禾一莖五穗大
中祥符二年水發徐兗天禧三年五月徐州利國
監大風起西南壞舍二百餘區壓死十二人六月
河決滑州泛澶濮鄆城徐境
仁宗天聖初徐仍歲水災嘉祐七年三月徐州
彭城縣白鶴鄉地生麵占曰地生麵民將饑

神宗熙寧四年徐州麥一本七十二穗十年秋七月河決澶州曹村東匯于諸山及徐州城不浸者三版方水之至老弱憑城而避壯者無所食死於丘陵林木上又徐州官舍生異草經月不腐次年旱

徽宗政和二年九月丙申徐州彭城縣栢開花

金

世宗大定二十四年正月辛卯朔徐州進芝十有八莖

元

世祖至元元年徐宿邳等州郡蝗二年徐宿邳

蝗旱二十五年徐邳屯田雨雹如鷄卵害麥

成宗大德元年歸德徐州邳州河水大溢六月蝗

三年歸德濟寧徐濠旱蝗五年徐州邳州雨五十

日六年五月歸德徐州邳州水

武宗至大二年七月徐邳饑四年濟寧東平歸德

高唐徐邳諸州水

明宗天曆二年六月徐邳二州大水

國朝永樂十三年饑　命進士梁洞賑卹

景泰三年四月水旱疾癘相仍民大饑乏都御史

王竑奉
命賑䘏
成化元年大饑次年復大疫遣都御史吴琛林聰賑䘏十三年秋徐州大水傷稼壞民居遣郎中國泰賑䘏十六年秋大水甲辰年有孕婦脇下瘤生兒
弘治元年竹開花
正德十四年大水壞官民舍傷禾稼
嘉靖二十五年八月二十五日子時地震越三日

復震

國朝嘉靖二十六年秋七月大水壞傷民舍禾稼

蕭

唐懿宗咸通七年蕭縣民家豕出圈舞又牡豕多將隣里羣豕而行復自相噬齧

元成宗大德六年五月蕭縣水

國朝永樂十三年饑進士梁洞奉命發粟賑之景泰三年水旱疫癘相仍民大饑都御史王竑奉命賑給

弘治元年仁壽鄉麥生一莖四穗二本一莖三穗五本一莖兩穗六本

正德十四年大水

嘉靖二年大饑人相食十年蝗二十五年孝義里民家室中忽有火光俄而牛產一犢狀特異遍身皆鱗甲紅毛茸茸然民駭捂死之時六月盛暑閱數日猶香氣襲人二十六年大水壞傷民舍木椽

沛

漢 成帝河平二年正月沛郡鐵官鑄鐵鐵不下隆

隆如雷又如鼓音工十三人驚走音止逕視地
地陷數尺鑪分為十一鑪中銷鐵散如流星皆上
去按地理志沛郡屬縣三十七惟沛縣有鐵官故收此

宋徽宗建中靖國元年沛縣禾合穗

元泰定帝泰定元年六月豐沛大水

順帝至正九年五月白茅河東注沛縣遂成巨浸
黃河入沛始此

國朝宣德七年蝗巡撫侍郎曹洪 奏蠲稅糧

正德二年黃河東徙入泡河大水壞民禾稼居舍

嘉靖二年秋河決大水壞廬舍民多流亡四年大蝗無禾八年大水舟行入市鄉邑民皆筏居平地沙淤數尺餘二十一年夏大雨五六日如注晝夜不止河溢壞官署民居禾稼

碭山

晉武帝咸寧二年冬十一月白龍二見于梁國

宋孝宗淳熙元年七月碭山蝗

元泰定帝泰定元年六月碭山水

國朝永樂十三年饑進士梁洞奉 命發粟賑之

成化二十年饑
正德九年水
嘉靖二年旱並疫十二年蝗二十六年水

豐

漢安帝延光三年沛國言甘露降豐縣

元泰定帝泰定元年六月豐沛水

國朝正統五年大饑
成化二年大饑十三年大水
弘治十三年大水十五年桃李冬華

正德六年秋九月梨花開九年秋大水十三年秋大水十四年大饑

嘉靖二年大水三年大饑四年復大饑民死亡及散之四方者甚衆五年大水城陷十年十一年蝗二十五年夏四月大雨雹秋九月地震

論曰古今言災異者始於五行傳言祥瑞者詳於禮運而歷代史氏所述並皆因之然必指事以為應遷就以求符則其說牽強拘泥多有所不通夫春秋書災異不著事應蓋慎之也後世蘇洵歐陽

脩並為論以正其牽強之失鄭夾漈亦為之說以破其拘泥之見要皆有可取者然夾漈之見一切歸之妖妄以為本無事應則矯枉而過正矣是謂天變不足畏也大率和氣致祥乖氣致異庶徵之應非邈無與於人善乎太史公曰太上修德其次修救又其次修禳唯知道者擇焉

（清）姜焯纂修

【康熙】徐州志

清康熙六十一年（1722）刻本

祥異

史云人與天地參爲三極災祥之興各以類至又云無變而無不修省者上也因變而克自修省者次之災變既形修之而莫知所以修省之而莫知所以省者又次之其下者災變並至禍敗隨之訖莫修省者刑戮之民是已歷代史官志星變五行災異靈驗意皆如此近世郡邑乘倣之殆非以矜奇炫博也歟舊志頗多遺誤爲更訂增益存之

周顯王時九鼎沒於泗鼎氣浮於水上秦始皇使數千人沒水求之不獲謂之鼎伏

秦始皇帝二十八年望氣者云東南有天子氣遂東巡至豐築臺埋寶劍丹砂於下復於城四隅鑿池深數丈以厭之

漢文帝元年四月齊楚地震○五年十月楚王都彭城大風從東南來入市門殺人○後元七年九月有星孛於西方其本直箕尾末指虛危長丈餘占者以爲尾宋地今楚彭城是時景帝初即位信周晁錯削諸侯王地三年楚並七國反

景帝三年十一月楚國呂縣有白頸烏與黑烏羣鬬白頸不勝墮泗水死者數千○中元年六月壬戌蓬星見

西南去房南可二丈大如斗器色白癸亥在心東北可
長丈所占曰蓬星出必有亂臣房心間天子宫也是時
梁王以殺漢臣得罪
宣帝本始二年熒惑守房之鈎鈐占曰房爲將相心爲
子屬其地宋今楚彭城○地節元年正月辛酉熒惑入
氐中氐天子之宫熒惑入之有賊臣是歲楚王延壽謀
逆自殺○元康元年鳳凰下彭城
成帝河平二年正月沛郡鐵官鑄錢不下隆隆如雷聲
又如鼓音工十三人驚走音止還視地陷數尺鑪爲十
一鑪中銷鐵散若流星皆上去（鐵官在沛縣）○陽朔元年七

月壬子月犯心星占曰其國有憂若有大喪房心爲宋
今楚地十一月楚王芳薨
哀帝建平四年湖陸雨血○僞新天鳳六年青徐民饑
流亡死道路者甚衆
東漢光武中元元年楚沛多蝗
明帝永平九年正月戊申客星出牽牛長八尺歷建星
至房南滅占曰客星舍房左右羣臣有吞藥死者文占
有奪地牽牛主吳越房心爲宋後廣陵王荆楚王英謀
逆事覺皆自殺廣陵屬吳彭城古宋地
章帝建初二年兖豫徐三州大旱詔勿收田租芻藁其

見穀賑給貧民○元和二年芝生沛三年白虎見彭城
和帝永元十六年二月詔兖豫徐冀四州比年雨多傷
稼禁沽酒
安帝永初元年正月月犯心後星占曰不利子心爲宋
五月沛王牙薨○四年夏四月豫徐等五州蝗○七年
南陽廣陵下邳彭城山陽廬江九江民饑九月調零陵
桂陽丹陽豫章會稽租米賑給○延光三年四月丙戌
沛國言甘露降豐縣
桓帝永興二年六月彭城泗水增長逆流
靈帝中平五年山陽梁沛彭城下邳東海琅邪七郡水

大出
魏明帝景初元年九月冀兗徐豫四州水災遣侍御史循行没溺死亡及失財產者所在開倉賑救之○二年九月淫雨冀兗徐豫四州水出溺殺人漂失財產

晉武帝泰始四年九月青徐兗豫四州大水○五年二月青徐兗三州水遣使賑恤之○咸寧元年九月徐州大水○三年九月兗豫青徐等七州大水傷禾稼詔賑給之

惠帝元康二年八月沛雨雹永平五年荊揚兗豫青徐六州大水遣御史巡行賑貸○六年三月彭城呂縣有

流血東西百餘步○七年九月荆揚豫徐冀五州大水
○永安元年自夏及秋靑徐幽并四州旱○永康元年
秋七月兖豫徐冀四州大水○永興元年七月庚申太
白犯角亢經房心占曰入房心有兵喪於是徐兖豫爲
天下兵衝
元帝大興元年七月東海彭城下邳臨淮四郡蟲害禾
稼○八月冀徐靑三州蝗○二年五月徐揚諸郡蝗○
四年十二月月犯歲星在房占曰其國兵饑人流亡
孝武帝寧康初年七月彭城饑旱先是諸將畧地有事
徐豫間謝安出鎮使子琰進次彭城頻有軍役○十三

年戊辰天狗東北下有聲占曰有大戰流血十四年正月彭城妖賊劉黎稱僞號於皇丘劉牢之破滅之○彭城人劉象之家雞有三足○十八年秋七月荆徐二州大水傷稼遣使賑卹之○二十年六月荆徐二州又大水

穆帝升平元年十一月壬午月掩歲星在房占曰人饑又曰豫州有災○二年閏三月乙亥月犯歲星在房占同前是年刺史謝奕卒○五年六月癸酉月掩氐東北星占曰大將軍當之八月徐州刺史范汪廢

安帝義熙二年二月己丑月犯心後星占曰豫州有災

五月熒惑犯氐六月又犯房北第二星是年慕容超侵
掠徐兗○三年二月癸亥熒惑填星太白辰星聚於奎
婁從填星也徐州分是時慕容超僭號於齊兵連徐兗
至於淮泗○十一年五月甲申彗星二出天市掃帝座
在房心北房心宋之分野案占得彗柄者興除舊布新
宋興之象○十二年五月歲星留房心之間宋之分野
始封劉裕爲宋公後有天下
宋文帝元嘉十七年八月徐兗青等州大水遣使賑卹
○二十一年四月甘露降彭城綏輿里徐州刺史臧質
以聞○二十三年六月白鹿見彭城縣征北將軍衡陽

王義季獲以獻○二十四年徐兗青等州大水○三十
年青徐州饑遣運部賑䘏
孝武大明四年二月乙巳徐州於汴水得白玉戟以獻
北魏世祖神䴥三年二月丙戌流星首如甕長二十餘
丈大如數十斛船色正赤光燭人面自天船及河抵奎
大星及于壁占曰天船以濟兵革奎爲徐方是爲宋師
之祥
高祖廷興元年十二月徐州竹邑戍士邢德於彭城南
百餘里得蓍草一株四十九枝下掘得龜獻之詔曰龜
蓍與經文相合所謂靈物也德可賜爵五等○承明元

年四月徐大風雹○太和二年四月南豫徐兗州大霖雨○八月徐東徐兗等七州大水○十一月徐州獻黑狐○三年十月徐州獻嘉瓠一蔕兩實○六年徐州蝗害稼○八年六月徐州獻白兎又獻黑狐○十九年徐州表言丈八銅佛像汗流於地○二十三年四月徐州自甲寅至巳未大風拔樹○六月徐豫兗等州大水

世宗景明元年五月徐州野蚄害稼○七月徐兗豫東豫等州郡大水平隰一丈五尺民居全者十四五是歲徐兗青齊四州大饑人死者萬餘口○正始二年三月青徐州大霖雨○徐州蠶蛾喫人死殘者一百一十餘

人死者二十三人○永平四年二月青齊徐兗四州民饑甚遣使賑邺○八月月犯太白在胃胃爲徐方大戰之象是後徐州刺史盧昶軍敗淪覆十餘萬人○延昌四年七月徐州上言陽平戍猪生子頭面似人頂有肉髻體無毛

肅宗熙平元年六月徐州大水○二年三月徐州獻白麞○神龜元年徐州獻一角鹿○二年五月徐州獻白雀○六月獻白鹿○七月獻白麞○九月獻一角獸○正光元年正月徐州獻白兔○三年五月徐州獻白兔二○六月庚辰徐州地震

孝靜元象元年五月徐州獲白兎○興和二年四月徐州獻白兎
陳宣帝大建十年二月癸亥日上有背占曰其野失地有叛兵甲子吳明徹軍敗於呂梁淮南至徐州地盡入於周
齊文宣天保元年十二月甲申熒惑犯房北頭第一星及鈎鈐占曰大臣有反者
後主天統四年七月孛星見房心白如粉絮大如斗東行○武平二年八月歲星太白合於氐宋之分野占曰其國內外有兵喪改立侯王

周武帝保定四年一月甲午熒惑犯心中星三月又犯
占曰上將誅車馳人走天下兵起○建德元年九月己
酉月犯心中星相去一寸占曰亂臣在旁不出五年下
有亡國○二年六月丙辰月犯心中後二星占同上又
曰不出三年
唐太宗貞觀三年五月徐州蝗○秋徐州水○十六年
秋徐戴二州大水○十八年秋徐州大水○十九年二
月徐州言騶虞見○二十二年徐州水
高宗咸亨二年八月徐州山水漂百餘家○武后萬歲
通天元年八月徐州大水害稼

玄宗開元二十八年徐泗二州無蚕免今年税賦

代宗大曆八年四月癸丑歲星掩房占曰將相憂宋分也爲徐州地○九年九月甲子熒惑入氐宋分也徐豫州地

德宗貞元八年秋天下四十餘州大水徐州平地水深丈餘害稼溺死人漂没廬舍○十八年徐州獻嘉瓜白兎

憲宗元和元年夏壽徐等州大水○九年二月丁酉月犯心中星○三月鎮星太白合於奎占曰內兵徐州之分○七月月掩心中星占曰其宿地凶心豫州分今徐

州地
文宗太和二年九月徐州李有華實可食○三年宋亳
徐等州大水害稼○六年六月徐州大雨敗壞民居九
百餘家○開成二年六月徐州火延燒居民三百餘家
宣宗大中十二年八月徐泗等州水深五尺漂没數萬
家
懿宗咸通四年七月許汝徐泗等州大水傷稼○六年
徐州彭城民家雞生角○七年徐州蕭縣民家豕出圂
舞又牡豕多將鄰里羣豕而行復自相噬嚙○九年正
月彗星出於婁胃十一月龐勛陷徐州甲辰大霧昏塞

至於丙午

昭帝天祐六年夏徐州疫

後晉天福四年徐州大水

宋太祖建隆二年九月徐州水損民田○乾德五年五星聚奎經星直魯分徐州白洋之域○開寶三年徐水災害民田

太宗太平興國五年五月徐州白溝河溢入州城毀民舍堤防皆壞○八年八月徐州清河漲丈七尺溢出堤塞州三面門以禦之○淳化三年七月彭城淮揚諸軍州蝗蛾抱草自死巳徐州大霖雨秋稼多敗

眞宗咸平二年九月壬寅徐州言禾一莖五穗彭城縣
民張福先田粟一莖分四穗○大中祥符二年徐濟靑
淄大水○四年八月徐州草塲火○天禧元年九月彭
城砦風雹害民田○三年五月徐州利國監大風起西
南壞廬舍二百餘區壓死十二人○六月河决滑州泛
澶濮鄆城至徐州與淸河合浸城壁不没者四版
仁宗天聖初徐州仍歲水災○嘉祐七年三月徐州彭
城縣白鶴鄉地生麪占曰地生麪民將饑
神宗熙寧四年徐州麥一本百七十二穗○十年秋七
月河决澶淵曹村南溢于徐州城不浸者三版方水之

至也汗漫千餘里漂沒廬舍老弱蔽川而下壯者無所食多稿死丘陵林木間○徐州官舍生異草經月不腐

○十一年旱

徽宗建中靖國元年沛縣禾合穗○政和四年九月丙申徐州彭城縣柏開花○六年徐州木連理

金世宗大定二十四年正月辛卯朔徐州進芝十有八莖

衛紹王大安元年徐沛界黃河清五百餘里幾二年以其事詔中外

元世祖至元二年徐宿邳等州旱蝗○十四年六月濟

寧路雨水平地丈餘損稼碭豊沛俱屬濟寧路○十七年濟寧等

路水

成帝元貞二年六月沛縣水○大德元年三月歸德徐

邳等州縣河水大溢漂沒田廬○六月徐州邳州蝗○

二年濟寧東平等郡縣水碭豊隸濟寧路沛隸濟州○六年歸德徐

州邳州睢寧雨五十日

武宗至大元年七月濟寧路雨水平地丈餘○二年七

月徐州邳州饑

仁宗延祐元年三月濟寧路霜殺桑無蚕○六年濟寧

等路大雨水傷禾稼○八月遣官閱視民乏食者賑之仍

禁酒碭豐沛在轄內

英宗至治三年五月碭山縣霖雨害稼

泰定帝二年六月碭豐沛等五縣水是年徐邳等州饑

○致和元年三月河決碭山縣

明宗天曆二年六月徐邳等州饑

順帝至正四年五月大雨黃河暴溢決白茅堤豐沛大水○五年徐州大饑人相食○九年五月白茅河東注沛縣遂成巨浸黃河入沛始此

明太祖洪武初年徐州獻瑞麥

成祖永樂十三年徐州暨諸屬縣饑命進士梁洞賑卹

宣宗宣德七年沛大蝗巡撫曹洪奏蠲租稅
景帝景泰三年大饑疫命都御史王竑賑䘏
憲宗成化元年徐州及沛豐大饑遣都御史吳琛賑䘏
○二年又大饑疫命都御史林聰賑䘏○三年豐大水
○七年沛縣水詔免夏麥稅絲○十三年秋徐州大水
傷稼壞民居遣郎中國泰賑䘏○十六年秋徐州大水
○二十年碭山饑○甲辰年徐州有孕婦脇下瘤生兒
孝宗弘治元年徐州竹開花○蕭縣仁壽鄉麥一莖四
穗二本一莖三穗五本一莖兩穗六本知縣陸本正獻
瑞麥○十三年豐縣大水○十五年冬豐縣桃李華

武宗正德二年黃河徙入沛縣泡河漂民廬舍損禾稼
○七年五月豐縣大風自西北來壞民廬舍木石俱發
咫尺莫辨○秋沛豐大水○八年沛豐水○九年沛碭
山豐大水○十年六月沛縣水豐縣大水有二龍鬬於
泡河○十四年徐州大水壞官民廬舍傷禾稼蕭沛亦
大水
世宗嘉靖二年蕭縣饑碭山縣旱疫豐縣大水沛縣秋
河决塞運道壞民廬舍平野中清碧接天民多流亡○
四年沛縣大蝗無禾豐縣大饑○五年六月廿七日黃
水陷豐縣城○六七年沛豐俱大水○八年沛大水舟

行入市平地沙淤數尺豐亦大水○十年蕭縣蝗○十一年豐縣蝗○十二年碭山縣蝗○二十一年夏沛縣大霖雨河溢敗民居禾稼○二十三年蕭縣地震有聲○二十五年四月豐縣雨雹○六月蕭縣民室中忽有火光須臾牛生一犢狀特異遍身皆鱗甲紅毛茸然駭而殺之閱數日猶聞香氣○八月二十五日徐州地震越三日又震○九月豐縣地震有聲○二十六年七月徐州蕭縣大水壞民居禾稼碭山縣亦水○二十七年徐蕭大水○二十八年徐大水蕭水圍城四門俱塞○二十九三十年徐蕭俱大水○三十一年春沛縣饑秋

豐縣地震○三十二年春徐蕭沛豐俱大饑人相食命侍郎吳鵬賑卹○四十二年碭山饑○四十四年徐蕭沛豐大水民饑蕭兼旱蝗沛更河決塞運渰死民人無算尚書朱衡請發宮帑銀大賑○四十五年又大水有賑○碭山大雪傷禾

穆宗隆慶元年六月蕭縣雨雹大於雞卵堆成岡阜三日後乃消○二年元日沛豐大風拔樹○八月大風雨三日夜壞官民廬舍禾稼○碭山縣大水○三年秋沛大水入市徐蕭自三年至六年皆大水五年九月六日水決州城西門傾人屋舍溺死者甚多○四年碭山大

水

神宗萬曆元年徐蕭碭山大水○二年夏沛雨雹傷稼碭山麥秀有四五岐者其二三岐者甚衆秋復大水是年大水環州城四門俱塞夾蕭城南門内成巨浸徐蕭民饑廵撫王宗沐並同沛碭山請賑○三年徐蕭水益大○夏蕭麥秀多四岐五岐○碭山亦大水○四年八月河決豊太行堤凡數處○冬沛有鷙鳥攫取民男婦冠笄○五年大水崩蕭縣城○六年六月豊縣大風自西南來揚沙拔木掀田車於空中○秋沛河溢大水○夜有星隕州東鄉牧人識其處掘之得物如石色青長

九寸廣四寸下鋭上平○十二月沛豐大雪二十餘日○七年沛麥秀三岐多至五岐○九年徐州大水歲饑民有食草子樹皮者○十年秋蝗不爲災○十一年徐蕭大水○五月沛大旱○十六年春徐蕭大饑人相食夏大疫死者相枕○十七年蕭縣春旱夏蝗已霖雨六旬秋復大水○十八年五月蕭縣麥秀多二三岐者秋穀不復一莖四穗五穗○徐州城中大水官廨民廬盡没秋復大雨眞武觀井泉湧出如瀑○二十一年徐蕭大饑人相食疫復盛行死者充道督撫請留南糧賑之沛豐亦苦霖雨三月人有食草木皮者次年亦疫○二

十五年正月十五日徐州夜雨木氷鳥雀皆凍死○八
月沛縣凡三四地震九月復震○二十六年有星隕徐
河東光耀數畝色如磁石知州曾士毅藏於庫○蕭大
熟○二十七年河決監城集故道涸絕○沛有麥雙岐
○三十一年徐州春夏淫雨傷稼秋冬大饑人相食○
沛縣夏秋大疫病者十七八死數千人總河李化龍請
留糧賑卹○三十二年八月河決朱旺口及太行堤豐
境悉成巨浸是年沛亦大水陷城○三十五年正月朔
徐州火延居民數百餘家○十二月天鼓鳴○三十九
年桃山岳王祠竹開花○四十一年七月河決徐州狼

家店○四十三年蕭大熱○四十四年徐蕭地震○四十五年河决徐狠矢溝呂梁洪竭

熹宗天啟元年六月大雨七日夜州城內水深數尺壞民屋千餘間○二年三月徐屬地震有聲如雷○四年六月甲申河夜决奎山堤陷州城官廨民廬盡沒人溺死者無算○六年七月豐縣大霜殺禾○七年蕭縣麥雙岐竟畝如一○豐縣蝗

懷宗崇禎元年夏徐蕭豐蝗傷麥○沛聞天鼓鳴○二年二月豐地震○徐州大雨傷麥○蕭縣隕星如狗首着地尚熱○四月大水决郭家嘴平地水深七尺○秋

沛霖雨大水○三年五月徐雨雹巨者如盌傷禾鳥獸
死者無算○四年四月州城南火居民延燒數百餘家
○五月州境雨雹大如雞卵屋瓦皆裂鳥獸死傷甚衆
○六月蕭縣大雷雨飈風捲演武廳梁棟落山東境上
○八月大雨河溢○九月有鳥羣飛自西北來狀如鳩
而兎趾色玄黃不樹棲夜飛向民家舉火照之輒墮人
謂之反鳥蕭豐諸邑皆有之○是月豐縣河决西洋廟
口及十七鋪○五年正月大雷雨○秋有蝗蕭豐諸邑
大水人饑○七年蕭縣山鳴○蝗羣飛望如遠山行地
者越城渡河禾稼木葉俱盡或入人室中囓毀衣物○

八年六七月大雨有蝗蕭邑爲甚○天狗星墮光如燈燭長空盡赤○九年正月蕭城北門鎖無故自開者三○五月有蝗○六月河決長山堤○八月蕭豐河溢大水○是秋每日向夕西方殷紅如血○十年蝗饑○九月十三日夜大風雨民避寇境上者男女凍死相枕藉○冬文廟災○十一年春旱○夏徐沛豐蝗飛蔽天食禾苗至盡○十二月十七日夜地震○是歲蕭西山鳴聲隱隱如鼙鼓者三○十二年諸屬邑大旱蓬蒿徧生人呼爲離鄉草○十三年大旱○二月四日蕭豐言異風自北來兵刅草樹皆出火光○夏秋蝗蝻徧野人爭

捕殺積道旁成丘臭穢聞數十里民饑甚斗米千錢棉菜及諸草種亦斗數百人相食流亡載道非多徒衆持梃不敢晝行或以婦子易錢百文米數升即去不復顧諸縣皆然○十四年又大旱蝗人相食道無行人夏大疫死無棺殮者不可數計○八月黄河清常有鼠數十爲羣渡河而北○十一月豊有雉棲於縣治○十五年疫甚○四月廿四日天鼓鳴有大星隕其光亘天○十六年九月地震十二月又震諸縣並同

國朝世祖順治二年蕭縣甘露降於樹○三年豊縣舊决口北徙午溝至徐一帶河流頓淺○四年秋雨太水

蕭東南九湖始潤生魚肥美甲於他產○五年秋雨徐蕭間民饑倏野菽五種雜阜草中衆刈食之活數千萬人○八月蕭黃桑峪產靈芝三本皆高五寸○九月蕭姬村山鳴○是年七月地震○六年二月蕭東山虎北渡河去○九月地震○七年正月蕭民家牛產雙犢○十年九月豐縣牡丹秋華艷麗如春○十一年雨雹傷麥○十四年秋豆大稔○十五年五月地震九月河水溢冬月無雲而雷○十六年夏秋霪雨三月餘麥爛秋禾亦傷冬春民饑○十八年秋蝗蝝災

今上康熙二年夏麥大稔○三年冬孛星見東南方○

四年正月蕭西山鳴○六年秋大水蕭西北長堤决○
七年六月十七日地震城垣官署民廬傾覆過半遠近
壓死人不可數計○是年河溢霪雨蝗蝻相繼爲灾○
冬〻沛大雪深五六尺○九年秋河溢○冬〻大雪屬邑有
井泉凍者○十年八月蕭地震河再溢○十一年夏蕭
地又震○八月河决山西坡蕭碭大水○十二年十月
豐桃李再實狀如王瓜○十五年大水○十六年又大
水○夏沛大雨雹有巨如升斗者○十七年春霜殺麥
秋又大水自是徐蕭連三歲被水皆有蠲賑○冬〻沛饑
○十八年旱蝗依水災例蠲賑○十九年五月豐大風

雨壞城堞屋舍平地成渠民數千家露處堤上○十月彗星見月餘乃没○二十一年夏蕭大有麥○二十二年春靈霧傷麥盡枯○夏天鼓鳴○秋沛大水○二十五年春沛饑○二十七年秋雨無禾○二十八年豐雨傷稼○三十年秋沛有虎○三十二年秋沛大水○三十三年徐州黄河溢花山口○三十四年四月三日豐地震○是年花山口河又溢○三十五年秋大霾雨花山河溢石狗湖水漲壞城東南居民廬舍沛亦大水○三十七年河決李家樓口○三十九年七月豐大雨傷禾稼○四十年夏旱○秋沛大水自是連三年皆被水

○四十三年沛大饑人相食已大旱疫○四十四年三
月大雪○六月龍見沛東北郊首尾畢露○四十五年
夏秋淫雨○四十七年大稔○四十八年淫雨凡五月
無麥民饑蠲賑○五十一年沛大水○五十三年徐州
麥秀雙岐有四五岐者自是連歲皆稔○五十四年秋
沛大水○五十五年秋隣縣蝗入州界不食禾皆抱草
自死○蠲賑沛饑○五十六年留漕糧賑沛○六十年
三月沛大寒井水結不可汲

【同治】徐州府志

（清）吴世熊、朱忻修　（清）劉庠、方駿謨纂

清同治十三年（1874）刻本

紀事表

政有恆經而運無定極惟聖人能知其然故方其治也憂勤惕厲蓄積多而備先具卒遭災眚不下堂階從容而應之堯之水湯之旱成王周公之時淮夷徐戎並興曷嘗不人定勝天哉徐州南北襟要自書契以來水旱兵革之患殆不勝紀惟我

朝涵濡茂育樂承平者逾二百年雖有大河之決寇逆之擾皆不數年而四野奠定斯非制治未亂之明效耶語曰前事之不忘後事之師也守官者其體追汪之遺圖識作紀事表

	時政	兵事	祥異
夏			

	時政	兵事	祥異
帝禹	奚仲居薛爲夏車正遷於邳（左傳定公元年）		
帝啟十五年		彭伯壽帥師征西河（竹書紀年）	
帝仲康七年	世子相出居商邱依邳侯（竹書紀年）		
商	時政	兵事	祥異
大戊五十八年	城蒲姑（竹書紀年）		檮杌之神見于邳山（竹書紀年）
外壬元年		邳人姺人叛（竹書紀年）	
河亶甲三年		彭伯克邳（竹書紀年）	

祖乙元年	命彭伯韋伯（竹書紀年）		
武丁四十三年		王師滅大彭（竹書紀年）	
周	時政	兵事	祥異
武王十六年		秋王師滅蒲姑（竹書紀年）	
成王三年		奄人徐人及淮夷入于邶以叛（竹書紀年）	
成王五年	王在奄遷其君于蒲姑（竹書紀年）		
穆王十四年		王命楚伐徐滅之徐君北走彭城武原縣東山下百姓隨之者以萬數因名其山爲徐山（後漢書東夷傳）	
桓王三年	夏五月辛酉魯侯會齊侯		

魯隱公六年　盟于艾(春秋)

莊王十三年　宋人遷宿(左傳杜注元和郡志)

魯莊公十年

莊王十五年　宋羣公子奔蕭(左傳)　冬蕭及宋之諸公子共擊殺南宮牛立湣公弟禦說(史記宋世家)

魯莊公十二年

釐王六年　蕭叔朝魯(春秋)

魯莊公二十三年

襄王二十二年　介人侵蕭(春秋)

魯僖公三十年		
頃王六年 魯文公十四年	宋高哀爲蕭封人奔魯(左傳)	
定王十年 魯宣公十二年		楚子滅蕭(春秋)宋華椒以蔡人救蕭蕭因熊相宜僚及公子丙殺之王怒遂圍蕭蕭潰(左傳)
簡王十三年 魯成公十八年		楚子辛鄭皇辰侵城郜取幽丘同伐彭城納宋魚石向爲鱗朱向帶魚府以三百乘戍之而還(左傳)七月宋老佐華喜圍彭城老佐卒焉冬十一月楚子重救彭城伐宋宋魚石復入于彭

簡王十四年　魯襄公元年

城（左傳）魯仲孫蔑會晉欒黶宋華元衛甯殖曹人莒人邾人滕人薛人圍宋彭城（春秋）彭城降晉晉以宋五大夫在彭城者歸寘諸瓠丘（左傳）秋楚子辛救鄭侵宋呂留（左傳）

靈王九年　魯襄公十年

春魯侯晉侯宋公衛侯曹伯莒子邾子滕子薛伯杞伯小邾子齊世子光會吳子柤夏五月甲午遂滅偪陽（春秋）晉侯以偪陽子歸獻于武宮（左傳）秋七月楚子囊鄭子耳侵鄭西鄙還圍蕭八月丙寅克之（左傳）

靈王十八春諸侯次于泗上疆魯田

年 魯襄公十九年

取邾田自漷水歸于魯（左）

靈王十九年 魯襄公二十年

夏六月庚申魯侯會晉侯齊侯宋公衛侯鄭伯曹伯莒子邾子滕子薛伯杞伯小邾子盟于澶淵（春秋經）（左傳）（通志）

景王七年 魯昭公四年

吳伐楚取棘櫟麻（左傳）

景王十一年 魯昭公八年

魯侯大蒐于紅自根牟至于商衛革車千乘（左）

景王十六

秋晉侯會吳子于良水道

年

不可吳子辭(左傳)

景王十九年　魯昭公十六年

齊侯伐徐師于蒲隧徐人行成徐子及郯人莒人會齊侯盟于蒲隧(左傳)

敬王五年　魯昭公二十七年

吳公子掩餘奔徐公子燭庸奔鍾吾(左傳)

敬王八年　魯昭公三十年

吳子使徐人執掩餘鍾吾人執燭庸冬十二月吳子執鍾吾子遂伐徐防山以水之己卯滅徐(左傳)

敬王二十

春宋公之弟辰及仲佗石

一年 魯定公十一年		彊公子地自陳入于蕭以叛(春秋)秋宋樂大心自曹入于蕭(左傳)
敬王二十四年 魯定公十四年	春宋公之弟辰自蕭奔魯(春秋)	
敬王三十一年 魯哀公六年	叔還會吳子柤(春秋)	
元王四年	越已滅吳不能正江淮北楚東侵廣地至泗上(史記楚世家)歸吳所侵宋地于宋與魯泗東方百里(史記越世家)	
安王十七		韓伐宋到彭城執宋君(史記)

年

韓文侯三年（韓世家）

顯王二十九年

邳遷於薛（竹書紀年。洪頤煊曰：史記魯世家索隱引作梁惠王三十一年，邳上有下邳字）

魏惠王三十一年

顯王四十二年

宋大邱社亡（漢書郊祀志）九鼎淪泗沒于淵（竹書紀年）

顯王四十六年

秦使張儀與楚齊魏相會盟于齧桑（史記楚世家）

楚懷王六年

赧王三十九年

齊南割楚之淮北西侵三晉欲以并周室爲天子泗

齊湣王上諸侯鄒魯之君皆稱臣

三十八諸侯恐懼（史記齊世家）

年	時政
赧王五十三年 楚考烈王元年	楚考烈王以黃歇爲相封春申君賜淮北地十二縣後十五歲黃歇獻淮北十二縣請封于江東（史記春申君傳）

秦

年	時政	兵事	祥異
始皇二十二年	梁亡民徙于豐（史記高祖本紀六國表）		
二十八年	始皇以東南有天子氣于是東遊以厭之（史記高祖本紀）始皇還過彭城欲出周鼎泗水使千人沒水求之弗得（史記秦始皇本紀）		

二世元年沛公祠黃帝蚩尤于沛庭（史記高祖紀）九月沛父老子弟共殺沛令開城門迎劉季爲沛公少年豪吏蕭曹樊噲等爲收沛子弟二三千人（史記高祖紀）項梁渡淮黥布蒲將軍屬焉凡六七萬人軍下邳（史記項羽本紀）

二世二年九月趣懷王徙都彭城（史記秦楚之際月表）後九月懷王封沛公爲武安侯（史記秦楚之際月表）爲碭郡長（史記項羽本紀）

十月沛公擊胡陵方與破秦監軍（史記秦楚之際月表）泗水監平將兵圍豐二日出戰破之沛公令雍齒守豐引兵之薛十一月泗川守壯敗于薛走至戚沛公左司馬得泗川守壯殺之（史記高祖本紀）陳王使魏人周市略地市使人招雍齒雍齒反爲魏守豐

（史記高祖本紀）十二月沛公攻豐不能下（史記秦楚之際月表）端月沛公聞景駒王在留往從之是時秦將章邯從陳別將司馬尸將兵北定楚地屠相至碭東陽甯君沛公引兵與戰蕭西不利還收兵聚留二月引兵攻碭三日乃取碭收碭兵得六千人（史記高祖本紀）秦嘉已立景駒為楚王軍彭城東欲以距梁梁擊破之追至胡陵嘉戰死（漢書項羽傳）項梁已并秦嘉軍軍胡陵將引軍而西章邯軍至栗使別將朱雞石餘樊君與戰餘樊君死朱

漢		高祖元年	二年
時政			
兵事	雞石軍敗亡走胡陵史記項羽本紀四月項梁益沛公卒五千擊豐拔之雍齒奔史記秦楚之際月表九月沛公項羽攻陳留聞項梁死乃與呂臣引兵俱東呂臣軍彭城東項羽軍彭城西沛公軍碭史記高祖本紀	蕭公角擊彭越大破之史記高祖本紀	漢王劫五諸侯兵遂入彭城項羽引兵去齊從魯出胡陵至蕭與漢大戰彭城靈壁東睢水上大破漢軍
祥異			

多殺士卒睢水爲之不流乃取漢王父母妻子於沛是時呂后兄周呂侯爲漢將居下邑漢王從之稍收士卒軍碭漢王乃西（史記高祖本紀）

三年

彭越渡睢水與項聲薛公戰下邳越大破楚軍項羽乃引兵東擊彭越（史記高祖本紀）項羽使項聲復定淮北灌嬰渡淮北擊破項聲郯公下邳斬薛公下下邳遂降彭城虜柱國項佗降留薛沛郯蕭相（史記灌嬰傳）

五年

東定楚地泗川東海郡凡得二十二縣（史記周勃世家）

六年	禽楚王韓信於陳（史記高祖紀）詔御史令豐治枌榆社（漢書郊祀志）
十年	七月遷豐民于（漢書作於）邑更命曰新豐（史記高祖紀括地志）
十一年	淮南王英布反渡淮擊楚元王奔薛（史記高祖本紀）楚丞相冷耳堅守彭城（史記高祖功臣侯年表）是歲齊相國曹參將兵車騎十二萬人與擊破黥布軍南至蘄還定竹邑相蕭留（史記曹相國世家）
十二年	高祖已擊黥布軍還過沛置酒沛宮悉召故人父老子弟縱酒以沛為湯沐邑復其民世世無所與弃

孝文帝元年	孝文帝五年	後元七年	孝景帝三
復爲比沛（史記、通紀）			
四月齊楚地震二十九山同日崩大水潰出（漢書文帝紀）	十月楚王都彭城大風從東南來入市殺人（漢書五行志）	九月有星孛于西方其本直箕尾末指虛危長丈餘占者以爲尾宋地今楚彭城是（漢書五行志）	十一月白頭時

年			
			與黑烏鬬楚國呂縣白頸不勝墮泗水中死者數千（漢書五行志）
孝宣帝元康元年			鳳凰下彭城（漢書宣帝紀）
神爵元年	西羌反發沛郡材官詣金城（漢書宣帝紀）		
孝元帝建昭二年			齊楚地大雪深二尺（漢書五行志）
孝成帝河平二年			正月沛郡鐵官鑄鐵鐵不下隆隆如雷聲又如鼓聲工十三人驚走音止還視地地陷數尺爐

孝哀帝建平四年

分爲十一鑑中消鐵散如流星皆上去（漢書五行志）是年楚國雨雹大如斧飛鳥死（漢書五行志）

成帝時河隄大壞汎濫青徐兗州略徧（後漢書吏王景傳注引十三州志案不知何年）

四月山陽湖陵雨血廣三尺長五尺大者如錢小者如麻子（漢書五行志）

附王莽天青徐民饑流亡死道路者盜賊並起青徐荆楚之地

年	時政	兵事	祥異
鳳六年	甚眾(漢書食貨志) 王莽末年青徐地人相食莽遣三公將軍開東方諸倉賑貸窮乏(漢書食貨志)	作往嘯聚(文獻通考五行志)	
後漢			
更始二年		梁王劉永攻下沛楚(後漢書劉永傳)	
世祖建武二年	十一月遣大中大夫伏隆持節安輯青徐二州(後漢書光武紀) 秋虎牙將軍蓋延定沛楚臨淮修高祖廟置嗇夫祝宰樂人(後漢書蓋延傳)	又遣虎牙將軍蓋延等南伐劉永攻取麻鄉進拔薛彭城扶陽杼秋蘭皆降永將蘇茂佼彊周建等三萬餘人救永共攻延與戰於沛西永走湖陵(後漢書蓋延傳)	
建武四年		秋蓋延進與董憲戰留下破之復追敗建茂於彭城	

建武五年秋七月丁丑帝幸沛祠高原廟進幸湖陵(後漢書光武紀)

又往來邀擊寇別將於彭城郯邳之間頗有克獲(後漢書蓋延傳)蘇茂奔下邳與董憲合(後漢書劉永傳)春龐萌反帝自將討萌萌攻破彭城董憲與劉紆蘇茂佼彊去下邳還蘭陵(後漢紀)七月王常攻拔湖陵(後漢書王常傳)帝自湖陵親臨攻諭蕃子昌慮大破之八月己酉車駕幸彭城下邳(後漢紀)王常從攻下邳部當城門戰一日數合賊反走入城常追迫之城上射矢雨下帝從百餘騎自城南高處望常戰力甚勞遣中黃門詔

		使引還賊遂降（後漢書王霸傳）	
建武八年	賜琅邪太守陳俊璽書命得專征青徐（後漢書陳俊傳）		
建武十三年			揚徐部大疾疫（後漢書五行志注引古今注）
建武十六年	青徐等四州群盜並起攻劫殺害長吏冬十月遣使者下郡國聽群盜自相糾擿於是更相追捕賊並解散（後漢書光武紀）		
建武十九年	九月南巡狩進幸淮陽梁沛（後漢書光武紀）		
建武二十年	冬十月東巡狩甲午幸魯進幸東海楚沛國（後漢書光武紀）		
明帝永平元年	青徐二州給錢歲二億七千萬於遼東貢賜鮮卑大		

	人歸附者（後漢書鮮卑傳）	
永平十五年	春二月庚子，東巡狩，徵沛王輔會睢陽，進幸彭城。癸亥，帝耕於下邳。三月，徵下邳王會良成（後漢書明帝紀）	
永平十八年	詔勿收兗豫徐州田租芻稾，以見穀給貧人（後漢書章帝紀）	京師及兗豫徐三州大旱（後漢書章帝紀）
章帝建初二年	夏四月戊子，詔還坐楚淮陽事徙者四百餘家，令歸本郡（後漢書章帝紀）	
元和二年		芝生沛（後漢書沛國傳注引古今注）
元和三年		白虎見彭城（後漢書班固傳注引古今注）
章和元年	秋八月癸酉，南巡狩。己丑	

遣使祠沛高原廟豐枌榆社乙未幸沛祠獻王陵徵會東海王政九月庚子幸彭城東海王政沛王定任城王尚皆從（後漢書章帝紀）

下邳王衍病荒忽太子卯有罪諸姬爭欲立子為嗣和帝使彭城靖王恭至下邳正其嫡庶立子成為太子（後漢書孝明八王傳案此事史不書何年姑附于此）

和帝永元十六年

二月己未詔徐兗等四州比年雨多傷稼禁沽酒夏四月遣三府掾分行四州貧民無以耕者為僱犂牛直（後漢書和帝紀）

安帝永初元年
春正月戊寅稟徐兗等州貧民秋九月調揚州五郡租米贍給下邳等郡國（後漢書安帝紀）

永初二年
春正月稟下邳等郡貧民
十二月辛卯稟沛國等五郡貧民（後漢書安帝紀）

永初四年
徐青等六州蝗（後漢書安帝紀）

永初六年
夏四月沛國大風雹（後漢書安帝紀）

永初七年
秋七月調零陵桂陽丹陽豫章會稽租米賑給下邳彭城等七郡貧民（後漢書安帝紀）

延光三年
五月壬戌沛國言甘露降豐縣

		後漢書安帝紀
順帝漢安元年	詔遣尚書欒巴使徐州班宣風化舉實臧否（順帝紀　欒巴傳）	
順帝漢安二年	揚徐盜賊攻燒城寺殺略吏民（後漢書順帝紀）	
建康元年	八月揚徐盜賊范容周生等寇掠城邑遣御史中丞馮赦督州郡兵討之（後漢書順帝紀　案袁紀馮赦作馮緄）	
沖帝永嘉元年	揚徐劇賊寇擾州郡（後漢書順烈梁皇后傳）	
桓帝永興元年		六月彭城泗水增長逆流（後漢書桓帝紀）
延熹九年		青徐炎旱五穀損傷（後漢書陳蕃傳）

靈帝中平元年 黃巾賊起下邳王意棄國走賊平復國（後漢書孝明八王傳）

中平四年 前中山太守張純畔入邱力居衆中為諸部烏桓元帥寇掠青徐等州（後漢書烏桓傳）

中平五年 何進仍使王匡於徐州發彊弩五百詣京師（三國志武帝紀注引英雄記案後漢書何進傳云使府掾太山王匡東發其郡彊弩云云與此異誤攷）冬十月青徐黃巾復起寇郡縣（後漢書靈帝紀）沛彭城下邳等七郡國水大出（後漢書靈帝紀注引袁山松書）

獻帝初平二年 徐州黃巾起以陶謙為徐州刺史擊走之（三國志陶謙傳）

初平中 彭城王和為賊昌務所攻避奔東阿後得還國（後漢書彭城靖王本傳）

初平四年 天子都長安徐州刺史陶謙遣使間行致貢獻是時曹操擊陶謙破彭城傅陽謙退保郯操攻之不能克

徐州百姓殷盛穀米豐贍流民多歸之（三國志陶謙傳）

乃避過拔取慮睢陵夏丘皆屠之凡殺男女數十萬人泗水爲之不流（後漢書陶謙傳）

下邳闕宣聚衆數千人自稱天子徐州牧陶謙與共攻泰山後遂殺宣幷其衆（三國志武帝紀陶謙傳）

興平元年

曹操復擊謙田楷與劉備俱救之謙表備爲豫州刺史屯小沛謙死州將糜竺率州人迎備備遂領徐州（三國志先主傳）

九月桑再椹年荒穀貴士衆皆饑仰以爲糧（異苑）

建安元年

袁術攻劉備以爭徐州備使司馬張飛守下邳飛殺下邳相曹豹城中乖亂呂布襲下邳備中郎將許耽

建安二年

開門迎之與飛戰敗走備聞
之引還比至下邳兵潰降
于布呂布以劉備爲豫州
刺史使屯小沛布自稱徐
州牧據下邳（通鑑）六月布將
郝萌反都督高順發兵討
之萌敗走萌將曹性擊斬
萌（通鑑）袁術遣將紀靈等步
騎三萬攻劉備備求救于
布布請靈等與備共飲食
解之各罷（通鑑）

三月袁術遣其大將張勳
橋蕤等與韓暹楊奉連勢
趣下邳攻布布約暹奉并
力破術暹奉從布遣勳營
勳等散走（通鑑）十一月韓暹

建安四年

楊奉在下邳寇掠徐揚間劉備誘奉引軍詣沛請入城飲食于座上縛斬之暹爲杼秋令張宣所殺〔通鑑〕

呂布遣其將高順張遼攻劉備曹操使將軍夏侯惇救備爲順等所敗秋九月呂布將高順破沛城劉備單身走歸操操自將擊布進至彭城十月操屠彭城獲其相侯諧進至下邳〔通鑑〕迎擊布大破之獲其驍將成廉追至城下遂決泗沂水以灌城月餘布將宋憲魏續等擧城降生禽布殺之先是太山臧霸等各聚

	建安五年	三國魏
時政		
兵事	眾從布布敗獲霸等厚納待遂割青徐二州附於海以委焉（三國志魏武帝紀）劉備殺徐州刺史車胄于下邳舉兵屯沛操遣劉岱王忠擊之不克（三國志魏武帝紀）劉備使關羽守下邳行太守事而身還小沛（三國志蜀先主傳紀云以關羽領徐州）春曹操自將東征劉備破之生禽其將夏侯博備走奔袁紹操復進攻下邳降之（三國志魏武帝紀）	
祥異		

文帝黃初初補郡太守鄭渾於沛相二

初年　縣界興陂遏開稻田躬蹔吏民興立工夫一冬間皆成比年大收頃畝歲增租入倍常民賴其利刻石號曰鄭陂（三國志本傳）

文帝黃初九月敕青徐二州（三國志文帝紀）

五年

黃初六年　春二月遣使者巡行許昌以東盡沛郡問民疾苦（三國志文帝紀）八月帝以舟師自譙循渦入淮從陸道幸徐九月築東巡臺（三國志文帝紀）

明帝景初元年　九月遣侍御史循行徐州以溺死亡及失財產者在所開倉賑救之（三國志明帝紀）

九月徐豫等四州水出溺殺人漂失財產（晉書五行志）

年	時政	兵事	祥異
咸熙二年			三月星孛于胃胃徐分（晉書天文志）
晉	時政	兵事	祥異
武帝泰始四年			九月徐州大水（晉書五行志）
泰始五年	二月遣使賑恤徐州（晉書武帝紀）		二月徐州大水（晉書武帝紀）
咸甯元年			夏五月下邳司吾大風拔木壞廬舍（晉書武帝紀案紀無司吾五行志有之）九月徐州大水（晉書武帝紀）
咸甯三年	九月詔賑給徐州（晉書武帝紀）		正月辛丑白虎見沛國（宋書符瑞志）

太康二年		九月徐州大水傷秋稼（晉書武帝紀）又八月白兎見彭城（宋書符瑞志）
太康三年	九月吳故將莞恭帛奉舉兵反圍揚州徐州刺史嵇喜討平之（晉書武帝紀）	
太康四年		七月徐州大水傷秋稼壞屋室有死者（宋書五行志）
惠帝元康二年		八月沛雨雹（晉書五行志）傷麥（晉書惠帝紀）
元康五年	七月詔遣御史巡行賑貸徐州（晉書惠帝紀）	七月下邳暴風壞廬舍（晉書五行志）是歲徐州大水（晉書惠帝紀）

元康六年			三月彭城呂縣有流血東西百餘步（晉書惠帝紀）
元康八年			九月徐州大水（晉書惠帝紀）
永寧元年			自夏及秋徐州旱（晉書五行志）
太安元年			秋七月徐州大水（晉書惠帝紀）
太安二年		臨淮人封雲舉兵應石冰自皋陵冦徐州（晉書惠帝紀）	
永興元年	司空東海王越鎮下邳徐州都督東平王楙不納越徑還東海（通鑑）	三月廣陵度支陳敏擊斬石冰徐州平（晉書惠帝紀）	

紀年		事	
永興二年東平王楙以州與越越乃以司空領徐州都督（晉書東海王越傳）		秋七月東海王越發兵徐方將西迎大駕（晉書惠帝紀）甲卒三萬西次蕭縣（東海王越傳）	
懷帝永嘉元年		二月辛巳東海人王彌起兵反寇青徐二州（晉書懷帝紀）	
永嘉二年		五月甲子王彌寇青徐兗豫四州（晉書懷帝紀）	
永嘉四年		春正月劉淵遣兵分寇徐冀兗豫諸郡（十六國春秋前趙錄）九月徐州監軍王隆自下邳棄軍奔于周馥（晉書懷帝紀）	
永嘉五年		夏四月賊王桑冷道陷徐州刺史裴盾遇害（晉書懷帝紀）	
元帝大興元年		是歲彭城內史周撫殺沛國內史周默以彭城叛石	六月蘭陵合鄉蝗害禾稼（晉書五行志）

勅遐騎援之詔下邳內史（志）劉遐領彭城內史與徐州刺史蔡豹泰山太守徐龕共討之（晉書元帝紀劉遐傳）

七月彭城下邳蝗蟲害禾豆（晉書五行志）八月徐州蝗食生草盡至二年（五行志）

大興二年

二月劉遐徐龕擊周撫戰於寒山龕將于藥斬撫（通鑑元帝紀）徐龕叛降石勒秋八月以羊鑒爲征虜將軍督徐州刺史蔡豹臨淮太守劉遐鮮卑段文鴦等討之（通鑑晉書蔡豹傳）

五月徐州蝗（晉書）

大興三年

羊鑒頓兵下邳不敢前詔以蔡豹代領其兵石虎將擊之豹又退守下邳爲徐龕所敗（通鑑）

五月徐州蝗（宋書五行志）

永昌元年	明帝太寧元年	太寧二年	太寧三年	成帝咸和元年
秋七月兗州刺史郗鑒爲石虎所逼自鄒山退屯下邳（十六國春秋後趙錄通鑑下邳作合肥）徐兗間諸塢多降于後趙勒置守宰以撫之（通鑑）	三月後趙寇彭城下邳徐州刺史卞敦與征北將軍王邃退保盱眙（通鑑）	正月後趙將石季龍寇兗州刺史劉遐自彭城退保泗口（晉書明帝紀）	於是司豫徐兗之地率皆入於後趙以淮爲境（通鑑）	六月臨淮太守劉矯追斬劉遐故將史迭等於下邳（晉書成帝紀晉書劉遐傳）十二月濟岷

咸和九年	太守劉闓殺下邳内史夏侯鵾以下邳叛降于後趙〔通鑑〕
穆帝永和五年	十二月蘭陵人朱縱斬石季龍將郭祥以彭城來降〔晉書穆帝紀〕案十六國春秋郭祥時爲石虎徐州刺史朱縱爲徐州從事 二月征北大將軍褚裒使部將王龕北伐獲石季龍將支重〔晉書穆帝紀作遵將〕秋七月裒進次彭城遣督護麋嶷進據下邳未幾敗績〔通鑑〕八月裒退屯廣陵〔晉書穆帝紀〕
永和八年	二月衛朔將軍榮胡以彭城叛降于慕容儁 案十六國春秋前燕錄〔晉書穆紀〕

永和十二年		十一月遣北中郎將荀羨將兵救段龕龕已敗羨退還下邳（十六國春秋前燕錄）
升平三年		西中郎將謝萬北中郎將郗曇將兵擊慕容恪于東阿曇以疾病退還彭城萬亦引還恪進兵入冠河南汝潁譙沛皆陷（晉書慕容恪載記）十二月徐兗二州刺史庾希自下邳退鎮山陽（晉書庾希傳）
哀帝隆和元年		
興寧二年		夏四月燕人敗晉師于懸瓠陳郡太守朱輔自懸瓠退保彭城（通鑑）
海西公太和四年		大司馬桓溫伐燕六月引舟師自淸水入河舳艫數

孝武帝甯康二年	孝武帝太元三年	太元四年
百里遣建威將軍桓元攻湖陸拔之（通鑑）八月秦人寇彭城（晉書天文志）	遣秦遣別將寇彭城（十六國春秋前秦錄）八月秦兗州刺史彭超攻沛郡太守戴逯於彭城（十六國春秋前秦錄）	兗州刺史謝元帥衆萬餘救彭城秦將彭超圍彭城置輜重于留城元揚聲遣何謙向留城超聞之釋彭城圍守將戴逯隨謙奔元超遂據彭城留兗州治中徐褒守之（通鑑）秦以毛當為徐州刺史鎮彭城以毛盛

	爲兗州刺史戍湖陸王顯爲揚州刺史戍下邳（十六國春秋前燕錄）
太元八年	八月苻堅發長安衆號百萬幽冀之兵至於彭城（十六國春秋前秦錄）
太元九年	是歲謝元率衆屯彭城用督護聞人奭謀堰呂梁水樹柵立七埭爲派擁二岸之流以利運漕（晉書謝元傳）秋以謝元爲前鋒都督帥豫州刺史桓石虔伐秦元至下邳秦徐州刺史趙遷棄彭城走元進據彭城（通鑑）
太元十年	謝安出鎭廣陵使子琰進次彭城頗有軍役（晉書五行志）
太元十二年	正月慕容垂寇河東濟北太守溫詳犇彭城（晉書孝武帝紀）是歲北府道戍湖陸（宋書五行志）

太元十三年		三月張道破合鄉太山向彭城人到象之欽之擊走之（晉書劉牢之傳）	家雞有三足（晉書五行志）
太元十四年		正月彭城妖賊劉黎僭稱皇帝於皇邱龍驤將軍劉牢之討平之（晉書孝武帝紀）妖賊司馬徽聚黨馬頭山劉牢之遣參軍竺朗討滅之（晉書劉牢之傳）	
太元十八年	秋七月遣使賑恤徐州（晉書孝武帝紀）		秋七月徐州大水傷秋稼（晉書孝武帝紀）
太元十九年			秋七月徐州大水傷秋稼（晉書五行志）
太元二十年			夏六月徐州大

年

元興元年十二月曲赦彭城大逆以下（晉書安帝紀）

水（晉書孝武帝紀）

義熙元年　魏道武帝天賜二年

魏拓跋開遣其豫州刺史索度眞大將軍斛斯蘭寇徐州圍甯朔將軍羊穆之於彭城建威將軍劉道憐率衆救之軍次淩柵斬叛將孫全進至彭城與蘭退走（宋書長沙王道憐傳）

義熙二年

二月慕容超使略徐兗（晉書天文志）三月遣慕容昱等攻徐州（晉書慕容超載記）

義熙三年

春正月慕容超寇淮北徐州至下邳（十六國春秋南燕錄）二月癸亥熒惑歲星塡星太白辰星

超寇下邳諸葛長民遣部將徐琰擊之晉書諸葛長民傳

聚于奎婁從垣屋徐州分晉書天文志

義熙五年

三月慕容超將慕容興宗寇宿豫晉書安帝紀案載記云超遣其將斛穀提公孫歸等率騎遂攻掠陷之即此事也夏四月丞相劉裕率舟師北伐浮淮入泗五月至下邳留船艦輜重步軍進至琅邪所過築城留守宋書武帝紀

義熙六年

三月劉裕班師至下邳以船運輜重自率精銳步歸宋書高祖紀

義熙十一年

五月甲申彗星出天市掃帝座在房心房心宋

紀年	時政	兵事	祥異
義熙十二年		劉裕奉琅邪王北伐九月次于彭城（宋書高祖紀）	之分野（宋書天文志）五月歲星留房心之間宋之分野（宋書天文志）
義熙十三年		正月裕以舟師進討留彭城公義隆鎮彭城軍次留城（宋書高祖紀）	
義熙十四年		正月裕平姚泓班師至彭城解嚴息甲（宋書高祖紀）	
元熙元年	正月劉裕進爵爲宋王建宗廟於彭城依魏晉故事立一廟（宋書禮志）		
宋	時政	兵事	祥異
高祖永初元年	詔復彭城同豐沛其沛郡下邳復租布三十年（宋書高祖紀）		

記

永初三年

徐州刺史王仲德將兵屯湖陸（宋書索虜傳）

少帝景平元年 魏明元帝泰常八年

魏兵破高平郡兗州刺史鄭順之戍湖陸不敢出三月冠軍將軍申宣戍彭城攔魏兵并移郭外居民并諸營悉入小城（宋書索虜傳）夏四月檀道濟北征（宋書少帝紀）軍於彭城（通鑑）

廢帝景平二年

吳郡太守江夷徙富陽賊數百家於彭城諸處（宋書褚叔度傳）

文帝元嘉三年

遣撫軍參軍王歆之使徐州周行郡邑觀察吏治訪求民隱（宋書王歆之傳）

元嘉七年魏太武帝神䴥三年
到彥之北伐（宋書文帝紀）長沙王義欣出鎮彭城爲衆軍聲援（通鑑）魏將叔孫建大破竺靈秀軍追至湖陸（宋書索虜傳）十一月彥之引兵自歷城焚舟棄甲步趨彭城（通鑑）是月遣征南大將軍檀道濟北伐（宋書文帝紀）

元嘉八年
二月癸酉道濟引軍還（宋書文帝紀）參軍劉振之戍下邳棄城走（通鑑）

元嘉十二年
六月己酉以徐豫等州郡米數百萬斛賜丹陽淮南吳興義興五郡遭水民（宋書文帝紀）

元嘉十七年
遣使檢行賑恤徐州（宋書文帝紀）
八月徐州大水

年	紀十一月詔青徐諸州比年所寬租穀應督入者悉除半今半有不收者都原之（宋書文帝紀）		（宋書文帝紀）
元嘉二十一年	秋七月詔彭城下邳麥種貸給南徐兗豫及揚州浙江西屬郡又符徐豫二郡修立舊陂并課墾闢（宋書文帝紀）十月徙兗州鎮須昌（通鑑）胡注元嘉十三年兗州寄治彭城今又自彭城徙鎮須昌也		四月甘露降彭城綏輿里（宋書符瑞志）
元嘉二十二年		魏使永昌王仁高凉王那分將六州驍騎二萬爲二道掠淮泗以北徙青徐之民以實河北（通鑑）	
元嘉二十			六月丙辰台鹿

三年

見彭城縣(宋書符瑞志)

元嘉二十六年

九月嘉禾生沛郡蕭(宋書符瑞志)

沛郡見白雉(宋書符瑞志)

元嘉二十七年魏太武帝太平眞君十一年

悉發青冀徐豫兗六州三五民丁緣淮下邳等三郡集盱眙(宋書[illegible])

秋七月庚午遣寧朔將軍王元謨北伐太尉江夏王義恭出次彭城總統諸軍(宋書文帝紀)蕭思話領精甲三千助鎮彭城(宋書蕭思話傳)魏高涼王那自青州趨下邳楚王建自清西進屯蕭城步泥公自清東進屯畱城武陵王駿遣參軍馬文恭將兵向蕭城江夏王義恭遣軍主嵇元敬兵向畱城文

恭爲魏所敗步泥公過元
欲引兵趣苞橋欲渡清西
沛縣民燒苞橋夜於林中
擊鼓魏兵爭渡苞水溺死
過半〔通鑑〕十一月壬子魏主
至彭城立氊屋於戲馬臺
以望城中使尚書李孝伯
至南門武陵王駿命張暢
開門出見之魏主攻彭城
不克十二月丙辰朔引兵
南下上使輔國將軍臧質
將萬人救彭城至盱眙魏
主已過淮〔通鑑〕魏武昌王從
東安東莞攻下邳下邳太
守垣閬閉城拒守保全二
千餘家〔宋書申恬傳〕

元嘉二十八年

十一月壬寅曲赦徐豫等六州是冬使沈慶之徙彭城流民數千家於瓜步（宋書）

魏太武帝正平元年（文帝紀）

二月魏師自瓜步退走過彭城驅南口萬餘夕宿安王陂江夏王義恭遣鎮軍司馬檀和之向蕭城迫之魏人盡殺所驅而去（通鑑）

元嘉三十年

二月壬子遣遷部賑䘏徐州饑（宋書文帝紀）

三月徐兗刺史蕭思話自歷城引部曲還彭城起兵以應尋陽（宋書蕭思話傳）

孝武帝孝建元年

正月兗州刺史徐遺寶舉兵應南郡王義宣向彭城三月遺寶遣兵襲徐州長史明胤於彭城不克胤與兗州刺史夏侯欽冀州刺史共擊遺寶於湖陸遺寶棄衆走（通鑑）

孝建三年五月辛酉制徐兗等七州

大明元年 魏文成帝大安三年	大明四年	大明六年
統內有賜一匹者蠲復（宋書孝武帝紀）		
魏人寇兗州詔遣太子左衛率薛安都將騎兵東陽太守沈法系將水軍向彭城以禦之並受徐州刺史申坦節度（通鑑）		
	宋徐州刺史劉道隆於汴水得白玉戟以獻（宋書符瑞志）	八月乙丑木連理生彭城城內（宋書符瑞志）七月甲申彭城城女牆四百八十丈墜

落瓦室傾倒（宋書五行志）

廢帝永光元年

徐州刺史義陽王昶發兵反移檄統內諸郡皆不受命昶奔魏（通鑑）冬十月癸亥曲赦徐州（宋書廢帝紀）

六月丙子白雀見彭城（宋書符瑞志）

明帝泰始二年　魏獻文帝天安元年

徐州刺史薛安都舉兵應晉安王子勛上使冗從僕射垣榮祖還徐州說安都安都不從留榮祖使爲將（通鑑）青州刺史沈文秀遣將劉彌之等三萬南出下邳冀州刺史崔道固遣將傅靈越領衆自太山道向彭城並應安都時濟陰太守申闡據睢陵城起義安都

從子索兒率懸越等攻之安都使同黨裴祖隆守下邳彌之等改計歸順進軍攻祖隆濟兒與彌之等有異志舍睢陵馳赴下邳彌之等潰散並爲索兒所執兒殺太宗命申令孫至徐代安都令孫陰有反志北投索兒索兒使令孫入睢陵城說闡闡降索兒執闡并令孫殺之宋書薛安都傳索兒遂將馬步萬餘人自睢陵渡淮通鑑九月安都遣使請降宋主命鎮軍將軍張永中領軍沈攸之將甲士五萬迎安都安都懼又乞降

於魏魏使尉元孔伯恭帥騎一萬出東道救安都張永沈攸之進兵逼彭城軍于下磕分遣羽林監王穆之守輜重于武原謝善居領卒二千據呂梁張引領卒二千守茱萸尉元既至使李珠與安都守彭城分兵擊呂梁善居與張引東走武原元復攻破穆之外營穆之等率餘衆奔永軍（通鑑魏書尉元傳並）

泰始三年魏尉元發冀相濟兗四州
魏獻文之粟取張永所棄船沿清
皇興運致以賑新民（通鑑）
元年

正月張永沈攸之夜遁天大雪泗水冰合永等棄船步走士卒凍死大半尉元邀其前安都乘其後大破

永等於呂梁之東由是遂
失淮北四州及豫州淮西
之地[illegible]沈攸之自彭城還
爲長水校尉王元載守下
邳積射將軍沈韶守宿豫
睢陵淮陽皆留兵戍之[illegible]
五月沈攸之等率衆數萬
來援下邳屯軍焦墟曲伯
恭遣子都將侯汾等率騎
五百在水南吳升等五百
餘騎在水北南北邀之攸
之等引軍退保樊階城伯
恭又令子都將孫天慶步
騎六千向零中峽斫木斷
清水路宋將陳顯達領衆
二千泝清而上以迎攸之

	泰始四年魏獻文帝皇興二年	泰始六年魏皇興四年	泰始七年魏孝文帝延興元年
			魏使王崇巡察青徐等州撫慰新附觀省風俗（魏書王崇傳）
屯於睢清合口伯恭率衆渡水大破顯達（魏書孔伯恭傳）尉元以書喻徐州刺史王元載元載棄下邳走孔伯恭進攻宿豫宿豫戍將魯僧遵亦棄城走（魏書尉元傳）	二月徐州羣盜司馬休符自稱晉王將軍尉元討平之（魏書獻文帝紀）	秋八月魏羣盜入彭城殺鎮將元解愁長史劉兵滅之（魏書獻文帝紀）	
			十二月徐州竹邑戍士邢德於彭城南一百二

元年	蒼梧王元徽四年 魏孝文帝承明元年	順帝昇明二年 魏孝文帝太和二年	順帝昇明
十里得蓍一株四十九枚撕得大龜獻之（宋書符瑞志）	四月辛酉徐州大風雹（魏書靈徵志）	夏四月徐州大疫雨（魏書靈徵志）十一月魏徐州獻黑狐（魏書靈徵志）是月徐州又獻白雉（魏書靈徵志）	十月徐州獻騶

齊	時政	兵事	祥異
三年魏孝文帝太和三年			瓠一蒂雙實（南齊書祥瑞志）
齊高帝建元二年魏太和四年	秋七月齊角城戍主舉城降魏八月丁酉魏遣徐州刺史梁郡王嘉迎之（通鑑）閏月辛巳齊遣領軍李安民循行淸泗以備魏（通鑑）	魏徐州民桓摽之等叛屯於五固尉元與鎮將薛虎子討平之（通鑑）	
建元三年魏太和五年	魏徐州刺史薛虎子請於彭城積穀以兵絹市牛與置屯田魏主從之（魏書薛虎子傳）		
高帝建元四年			八月魏徐東徐蝗害稼（魏書靈徵志）

魏太和六年			是月魏徐東徐州大水（魏書靈徵志）
武帝永明二年 魏太和八年			六月魏徐州獲黑狐以獻（魏書靈徵志）是月魏徐州又獻白兔（魏書靈徵志）
武帝永明十一年 魏太和十七年	六月丙戌魏主詔免徐東徐軍糧（魏書孝文帝紀）		九月火木合于翼翼爲徐州（魏書天象志）
明帝建武二年 魏太和十九年	四月魏主車駕幸彭城丁未曲赦徐州癸丑幸小沛遣使以太牢祀漢高祖廟（魏書孝文帝紀）		六月魏徐州表言丈八銅像汗流於地（魏書靈徵志）
廢帝永元		魏東徐州刺史沈陵部宿	六月魏徐州大

梁	元年　魏太和二十三年	和帝中興元年　魏宣武帝景明元年
時政		
兵事	豫之衆來降（南齊書裴叔業傳革表璣附）	
祥異	水八月自甲寅至巳未大風拔樹（魏書靈徵志）	五月魏徐州蚄害稼（魏書靈徵志）是月魏徐州獻三足烏（魏書靈徵志）七月大水（魏書靈徵志）七月甲戌暴風大雨雹起自汾州至徐州而止廣十里所過草木無遺（魏書靈徵志）

紀年			
武帝天監元年 魏景明三年			正月魏徐州獻白雉（魏書靈徵志）
武帝天監四年 魏宣武帝正始二年			三月魏徐州大蝝是月蠶蛾噉人枉殘者一百一十餘人死者二十二人（魏書靈徵志）
天監五年 魏正始三年		二月梁將軍藍懷恭將兵野魏徐州五月右衛率張惠紹等拔宿豫執城主馬成龍六月惠紹與徐州刺史宋黑趣彭城圍高冢戍魏武衛將軍奚康生將兵救之惠紹不利黑戰死（通鑑）八	

天監七年

魏永平元年

月梁將軍藍懷恭與魏部督邢巒戰于睢口懷恭敗績巒進圍宿豫懷恭復于清南築城巒與平南將軍楊大眼合攻拔之斬懷恭張惠紹棄宿預遁還（通鑑）與惠紹軍于下邳下邳多欲降者會臨川王宏自洛口逃去遂引兵退（通鑑）

冬十月梁大舉北伐平北將軍始興王憺率衆向清口車騎將軍王茂率衆向宿豫（梁書武帝紀）丁丑魏成鎮僞殺宿豫戍主嚴仲賢以城南叛十一月庚寅魏部安東將軍楊椿率衆四萬

年			
天監十年 魏永平四年	遣使賑卹徐州（魏書世宗本紀）	攻宿豫（魏書張普惠傳）	二月徐州饑饉（魏書世宗本紀）
天監十一年 魏延昌元年			八月徐州虸蚄害稼三分食二（魏書靈徵志）（即永平五年）
天監十四年 魏延昌四年			七月徐州上言陽平戍牛生子頭面似人頂有肉髻體無毛（魏書靈徵志）
天監十五年 魏孝明			六月魏徐州大水（魏書靈徵志）

帝熙平元年			
天監十六年 魏孝明帝熙平二年			三月魏徐州獻白鹿（魏書靈徵志）是月魏徐州獻白雉（魏書靈徵志）
天監十七年 魏孝明帝神龜元年			七月魏徐州獻一角鹿（魏書靈徵志）
天監十八年 魏神龜二年			二月魏徐州獻白雀六月獻白鹿七月獻白麞九月獻一角獸

年代	梁	魏
普通元年　魏正光元年		正月魏徐州獻白兔（魏書靈徵志）
普通三年　魏正光三年		五月魏徐州獻白兔二　六月丙辰徐州地震（魏書靈徵志）
普通五年　魏正光五年	八月庚寅梁徐州刺史成景儁拔魏童城（通鑑）九月戊申又克睢陵城十月魏東海太守韋敬欣以司吾城降（梁書武帝紀）	
普通六年　魏孝昌元年	正月庚申魏徐州刺史元法僧據城反害行臺高諒自稱宋王遣其子景仲歸	

梁梁遣將胡龍牙成景儁元畧等率衆赴彭城魏詔安樂王鑒率師討之鑒於彭城擊元畧大破之既而爲法僧所敗梁遣將軍陳慶之率兵送豫章王綜入守彭城魏詔臨淮王彧尚書李憲爲都督安豐王延明爲東道行臺俱討徐州（魏書孝明帝紀梁書陳慶之傳）五月己酉梁築宿豫堰又築曾公埭于潛陰（梁書武帝紀）梁將軍王希聃拔魏南陽平（通鑑）六月梁豫章王綜奔于魏魏復據彭城（梁書豫章王綜傳）乘勝追擊梁兵復取諸城至宿豫而

大通元年魏孝昌三年	大通二年魏孝昌四年
邊寇 正月魏徐州民任道援聚衆反，梁振蕭城，州軍討平之。三月梁將成景儁寇魏彭城（魏書孝明帝紀），魏以崔孝芬為徐州行臺以禦之（[illegible]）。五月梁成景儁克魏臨潼竹邑（梁書武帝紀）。丙寅梁東宮直閤蘭欽攻魏蕭城，拔之，進攻擬山城、籠城、張龍、子城，拔厥固，魏彭城守將楊目遣子孝邕來援，欽逆擊走之（梁書蘭欽傳）。	梁遣其郢州刺史田臘攻魏東徐州刺史皐灿，破之于石羊岡，斬之（魏書[illegible]閻傳）。

紀事表

大通三年　魏孝莊帝永安二年

二月梁冠軍將軍羊侃監築寒山堰（梁書武帝紀　梁書羊侃傳）梁將曹世宗、㶏洪武等率衆攻魏東徐州刺史潘永基討破之（魏書潘永基傳）

中大通二年　魏孝莊帝永安三年

春正月魏東徐州民呂文欣、王赦等殺刺史元大賓據城反行臺都官尚書樊子鵠督征南將軍賈顯智、徐州刺史嚴思達討之二月斬文欣東徐平（魏書孝莊帝紀）冬十月魏徐州刺史爾朱仲遠反率衆向京師（魏書孝莊帝紀）詔征南將軍賈顯智擁部下出清水東拒擊之（魏書賈顯）

中大通五年 魏孝武帝永熙二年	魏徐州刺史高乾邕坐事賜死（魏書……乾傳） 六月己卯魏建義城主蘭寶殺魏東徐州刺史崔庠以下郯城降梁（梁書武帝紀 魏書出帝紀永熙二年五月東徐州民王早簡實殺刺史崔庠據州入蕭衍即此事也蘭寶簡實字形近似而譌耳）
大同元年 東魏孝靜帝天平二年	五月梁仁州刺史黃道始寇魏北濟陰徐州刺史任祥討破之（魏書蕭衍傳）
大同四年 東魏孝靜帝元象元年	八月梁詔東徐武遷等州曲赦逋租宿責勿收今年三調（梁書武帝紀）
	春正月魏有巨象自至碭郡陂中南兗州獲送于鄴（魏書孝靜帝紀）五月魏徐州獲白

亢（魏書天象志）

大同六年 東魏興和二年

十二月梁師敗績于彭城（魏書天象志）

四月己丑金木相犯于氐丙午火木相犯于氐氐爲徐方（魏書天象志）是月魏徐州獻白兔（魏書靈徵志）

大同十年 東魏武定二年

二月丁卯魏徐州人劉烏黑聚衆反遣行臺慕容紹宗討平之（魏書孝靜帝紀）

太清元年 東魏武定五年

八月戊子梁武州刺史蕭弄璋攻東魏碻泉呂梁二戍拔之（通鑑）九月辛酉梁遣貞陽侯淵明帥衆攻徐州堰泗水于寒山灌彭城以應侯景東魏徐州刺史王

叫嬰城固守（魏書孝靜紀）冬十一月東魏遣東南道行臺慕容紹宗討淵明紹宗帥十萬據橐駝峴梁侍中羊侃屯寒山堰上紹宗陽退誘梁兵深入大敗之虜淵明等諸州刺史郭鳳退保州城十二月甲子朔鳳棄城走（通鑑）

太清三年 東魏武定七年

四月梁東徐州刺史湛海珍以州降魏（梁書武帝紀）

元帝承聖二年 北齊天保四年

十二月齊宿預民東方白額以城降梁江西州郡皆起兵應之（通鑑）

	承聖三年北齊天保五年	宣帝大建五年北齊後主武平四年
陳		
時政		
兵事	二月齊冀州刺史段韶討東方白額部使儀同敬顯儁堯雄示等圍守宿豫（北齊書段韶傳）三月齊將王球攻宿預梁將杜僧明擊破之（梁書元帝紀）杜僧明胡穎助東方白額不克退還（陳書胡穎傳）六月白額開門請盟執而斬之（北齊書段韶傳）	三月壬午陳主分命衆軍北伐五月齊開府儀同三司尉破胡長孫洪略等與陳將吳明徹戰於呂梁南大敗破胡走免洪略戰歿
祥異		

大建七年 北齊武平六年	大建九年 北齊幼主承光元年	大建十年 周武帝
（北齊書後主紀）五月癸酉齊陽平郡降陳十一月陳左衛將軍樊毅克濟陰城（陳書宣帝紀） 正月乙亥陳左衛將軍樊毅克潼州（通鑑）二月戊申樊毅克下邳高柵等六城（陳書宣帝紀）閏月陳車騎大將軍吳明徹將兵擊齊彭城王辰大破齊軍于呂梁（通鑑）	冬十月戊午陳司空吳明徹破周徐州總管梁士彥衆數萬于呂梁（陳書宣帝紀）十一月癸酉周道上大將軍王軌將兵救徐州	三月陳將吳明徹圍周彭城環列舟艦于城下周上

宣政元年

大將軍王軌引兵輕行據淮口以鐵鎖貫車輪數百沈之淸水以遏陳船歸路二月甲子明徹決堰乘水勢退軍舟艦並礙車輪不得過王軌引兵圍遏之衆潰明徹爲周人所執（通鑑）四月戊午陳將樊毅遣軍渡淮北對淸口築城壬戌淸口城不守（陳書宣帝紀）

大建十一年

二月周命韋孝寬等七總管旅掠東京聽分（陳書宣帝紀）周

大象元年

周宣帝殺其徐州總管王軌（周書宣帝紀）

大建十二年

六月相州總管尉遲迥舉

年	時政	兵事	祥異
年			
周靜帝大象二年		兵東夏所毗以沛郡應之(隋書文帝紀)	
隋			
高祖開皇元年		東潼州刺史曹孝遠據州作亂徐州總管源雄遣兵擊斬之(隋書源雄傳)	
開皇五年	命蘇威等賑給邳州(隋書食貨志)		邳州大水(隋書食貨志)
煬帝大業九年	詔遣東萊留守陳稜於江南營戰艦至彭城(隋書陳稜傳)	下邳賊苗海潮擁衆鈔掠杜伏威脅降之(新唐書杜伏威傳)	
煬帝大業十年		四月彭城賊張大彪聚衆數萬保懸薄山寇掠徐兗遣榆林太守董純擊破之	

年	時政	兵事	祥異
大業十一年		（隋書煬帝紀）叔寶從齊郡通守張須陀擊賊盧明月下邳大破之（新唐書秦瓊傳）	
大業十四年		十月彭城人魏麒麟聚衆萬餘為盜寇魯郡（隋書煬帝紀）宇文化及立秦王浩為帝擁兵至彭城（隋書元文都傳）水路不通奪人車牛得二千兩以行令裴虔通鎮徐州（隋書宇文化及傳又裴虔通傳）	
唐			
高祖武德元年		宇文化及敗裴虔通以徐州歸唐（隋書宇文化及傳）	
武德四年		王世充得徐州以弟世辯為徐州行臺遣將郭士衡	

武德六年	貞觀三年	貞觀十三年	貞觀十六年
		冬十二月壬午詔徐州等州並置常平倉（舊唐書太宗紀）	
以兵從劉黑闥（新唐書竇建德傳）五月王世辯以徐州降（舊唐書任瓌傳）（通鑑）正月庚寅徐圓朗陷泗州（新唐書高祖紀）二月徐圓朗阻兵徐兗太宗迴師討平之於是河濟江淮諸郡邑皆平（舊唐書太宗紀案新唐書高祖紀云二月丙寅總管李世勣敗徐圓朗敗之）			
	五月徐州蝗（新唐書五行志）秋徐州水（舊唐書五行志）（新唐書五行志）		夏徐州疫（新唐書五行志）秋徐州大水（行志）

			新唐書五行志
貞觀十八年			秋徐州大水（新唐書五行志）
貞觀二十二年			夏徐州水（新唐書五行志）
高宗咸亨二年			八月徐州山水漂百餘家（新唐書五行志）
武后萬歲通天元年			八月徐州大水害稼（新唐書五行志）
萬歲通天二年	移奚契丹部李元闌部落于徐宋州安置（[illegible]）遷夾資州民於徐州（[illegible]）		
中宗神龍元年	使遷於徐州之爽鎮州秋糾愁思嶺部落北遷（[illegible]志）		

元宗開元十三年	十一月丁酉賜徐州等六州父老帛（新唐書元宗紀）
開元二十八年	冬十月戊辰以徐泗二州無蠶免今歲稅（新唐書元宗紀）
肅宗至德元年	虢王巨爲河南節度使屯彭城俄而東走臨淮（新唐書忠義張巡傳）
至德二年	秋八月甲辰靈昌郡太守許叔冀奔于彭城（新唐書肅宗紀）
代宗大歷九年	徐州軍亂逐其刺史梁乘（新唐書代宗紀）
德宗建中二年	冬十月戊申徐州刺史李洧棄其帥李納以州來降（新唐書德宗紀案新唐書前此八月辛卯平盧節度使李正己卒其子納自稱留後以叛）十一月辛酉李納寇徐州宣武軍

建中三年

節度使劉洽與神策將曲環等敗之於七里溝（唐書德宗紀）李納反叛隨少游以師收徐海等州尋棄之退軍盱眙（舊唐書陳少游傳）

貞元八年

徐州平地水深一丈餘害稼溺死人漂沒廬舍（新唐書五行志）

貞元十五年

九月丙辰發徐泗軍討吳少誠（新唐書德宗紀）

貞元十六年

徐州節度張建封疾甚詔韋夏卿爲徐泗行軍司馬且代之未至而建封卒（新唐書張建封傳韋夏卿傳）夏五月壬子徐州

年	上欄	中欄	下欄
憲宗元和元年		軍亂不納韋夏卿迫張建封子愔爲留後（舊唐書憲宗紀）	夏徐州大水（唐書五行志）
元和十年		李師道數侵徐武衛軍都押衙王智興率步騎拒賊賊將王朝晏攻沛智興敗之進破姚海兵於豐北朝晏以輕兵襲沛夜戰狄丘復破之（新唐書王智興傳）	
元和十一年	夏四月以徐宿饑賑粟八萬石（舊唐書憲宗紀）		
元和十三年		伐李師道王智興以步騎八千次湖陵（新唐書王智興傳）	
穆宗長慶元年	靈武節度使李聽奏請於武寧等道防秋兵中取三	十一月乙巳徐州崔羣奏遣節度副使王智興率師	

長慶二年

千人衣賜月糧當道自召赴討朱克融行營（唐書穆宗紀）
募一千人馬驍勇者以備
邊仍令五十人爲一社（唐書）
（舊唐書穆宗紀）

三月乙巳武甯軍節度副使王智興逐其節度崔羣（新唐書穆宗紀）

敬宗寶曆二年

秋九月丁酉徐州王智興奏大將武華等四人謀亂並伏誅（舊唐書敬宗紀）

文宗太和元年

徐州王智興請全軍討李同捷（舊唐書文宗紀）

夏徐州大水（新唐書五行志）

太和二年

九月徐州李有華實可食（新唐書五行志）

太和三年

夏四月庚午王智興奏部

四月徐州大水

太和六年

下將石雄搖扇軍情請行朝典乃長流白州（舊唐書文宗紀）智興在徐州召募凶豪之卒二千人號曰銀刀雕旗門槍挾馬等軍更番宿衛城中自後浸驕（舊唐書懿宗紀）

害稼（新唐書五行志）

太和九年

十一月乙巳殺武寧軍監軍使王守涓（新唐書文宗紀）

六月徐州大雨壞民舍九百餘家（新唐書五行志）

開成二年

六月徐州火延燒民居三百餘家（新唐書五行志）

宣宗大中十二年

徐州等州水深五丈漂沒數萬

			家（新唐書五行志）
懿宗咸通三年	十一月免徐州秋稅（新唐書懿宗紀）武甯軍改為徐州團練使隸兗海節度留將士三千守徐州（通鑑）	七月武甯軍亂逐其節度使温璋（新唐書懿宗紀又王式傳即銀刀軍也）以浙東觀察使王式為武甯節度使式率忠武義成之師三千至大彭館居三日命環驍卒誅之由是兇徒悉殄（舊唐書懿宗紀）	
咸通四年	七月制徐州銀刀官健其中先有逃竄者累降赦旨不令捕逐其今年四月十八日草賊頭首已抵極法其餘徒黨各自奔逃所在更勿逐捕（舊唐書懿宗紀）	四月庚戌羣盜入徐州殺官吏刺史曹慶討平之（通鑑）	七月徐州大水傷稼（新唐書五行志）
咸通五年	五月丁酉制徐泗團練使揀選招募官健三千人赴		

	咸通六年	咸通七年	咸通八年	咸通九年
	邕管坊戍待舉平即與替代每召滿五百人即差軍將押送舊唐書懿宗紀			
				秋七月徐州赴桂林戍卒五百人官健許佶趙可立
	七月徐州彭城民家雞生角新唐書五行志	蕭縣民家豕出圂舞又牡豕多將鄰里羣豕而行復自相噬齧新唐書五行志	七月雨湯于下邳殺鳥雀新唐書懿宗紀	十一月甲辰大霧昏塞至于丙

殺其將王仲甫以糧料判官龐勛為都頭有衆千人擁還本鎮九月龐勛陷宿州知州判官焦璐奔歸于徐（舊唐書懿宗紀）十月勛攻徐州傳城觀察使崔彥曾誅賊家屬勛衆四面超壕入因虜彥曾大彭館（新唐書崔彥曾傳）又徇下邳宿遷諸縣遣僞將屯豐沛蕭以張其軍郎遂碭山等十餘縣帝命康承訓為徐泗行營都招討使更以泰寧節度使曹翔為北面招討使屯滕沛前天雄節度使何令鳴遣其將薛尢將兵萬三千人助討

午（新唐書五行志）

咸通十年十月戊戌免徐州等四州三歲稅役（新唐書懿宗紀）

勛屯豐蕭勛籍城中兵刼民授甲皆穿窟穴遁去僞將王玄立等戰敗乃害彥曾等大索兵將三萬以其父舉直爲司馬守徐州（新唐書康承訓傳）

五月沂州遣軍圍下邳勛命鄭鎰救之鎰帥所部降六月朝廷復以將軍宋威爲徐州西北面招討使將兵三萬屯於蕭豐之間曹翔引兵會之秋七月翔拔滕縣進擊豐沛沛縣卑將朱玫舉城降於翔翔又使朱玫擊豐破之乘勝攻拔下邳八月壬子康承訓攻

	徐州焚外寨勛將張儒等入保羅城官軍攻之不能克九月丁巳勛將張元稔設計斬張儒等數十人出降崔彥曾故吏路審中開門納官軍龐舉直許佶帥其黨保子城日昃賊黨自北門出元稔遣兵追之斬舉直佶首餘黨多赴水死悉捕戍桂州者親族斬之徐州遂平龐勛既死賊宿遷諸寨皆殺其守將降宋威亦取蕭縣（通鑑）
咸通十一年	徐賊餘黨猶相聚閭里爲羣盜詔徐州觀察使夏侯瞳招諭之（通鑑）

年	紀事
僖宗乾符元年	十一月感化軍奏羣盜寇掠州縣不能禁敕兗鄆等道出兵討之（通鑑）
乾符三年	賜感化等節度使衔詔選精兵數百人於巡內遊奕防衛綱船五日一具上供錢米平安狀聞奏（通鑑）
乾符四年	發感化等道兵受江南諸道招討使宋皓節度討王郢（通鑑）
中和元年	秋八月感化軍將時溥逐其節度使支詳自稱留後（新唐書僖宗紀）
中和四年	徐州將李思悅陳景師率兵萬人追黃巢於兗州（舊唐書僖宗紀）七月賊將林言斬黃

光啟元年

時溥據徐州（舊唐書僖宗紀）

巢頭投獻乘三人首級降時溥（舊唐書僖宗紀）

光啟三年

都指揮使朱珍率王檀等敗徐兵於孫師陂獲其將孫用和東謝以獻（五代史王檀傳）五月朱全忠遣朱珍將兵數千與時溥戰於吴康鎮大敗之王檀獲賊將何肱葛從周李唐賓李重允等拔豐蕭二邑張歸厚叅於蕭豐之間以麾下先進九里山遇徐兵而戰梁故將陳璠叛在徐歸厚望見直往取之矢中其目珍屯蕭縣溥攜散騎入彭門閉壁

文德元年

堅守命龐師古屯兵攻之（五代史梁太祖紀舊唐書周李重允傳新唐書列傳）

昭宗龍紀元年

正月龐師古攻下宿遷進軍呂梁敗時溥溥復入彭門七月朱珍殺李唐賓朱全忠如蕭縣執珍殺之（五代史梁太祖紀）霍存代李唐賓又擊時溥于碭山破之獲其將石君和等（五代史時溥傳通鑑）七月朱全忠攻徐州冬大雨不能屯軍而旋（五代史梁太祖紀）

大順元年

四月乙卯時溥出兵碭山全忠追朱友裕襲之敗徐軍三千餘衆（舊五代史）

大順二年

十一月徐將劉知俊率衆

景福元年

二千降於朱全忠自是徐軍不振（五代史梁太祖紀）冬朱友裕攻徐州（五代史梁太祖紀）朱瑾領兗鄆之衆爲徐外援陳於彭門南石佛山下友裕縱兵擊之斬獲甚衆瑾領殘衆宵遁（五代史朱友裕傳）

景福二年

二月葛從周與諸將大破徐兗兵於石佛山（五代史葛從周傳）夏四月龐師古下彭門時溥舉族登燕子樓自焚死（通鑑）梟時溥首以獻（五代史梁太祖紀）朱全忠如徐州以龐師古爲留後守徐州（舊唐書昭宗紀 五代史梁太祖紀）

乾寧四年

冬十月癸卯朱全忠遣其將徐州兵馬留後龐師古舉率兗鄆青濮徐宿滑等兵士七萬渡淮討楊行密十一月淮南大將朱瑾潰出舟師襲汴軍於清口龐師古舉軍皆沒由是行密據有江淮之間（新唐書昭宗紀）

光化二年

正月淮南楊行密與朱瑾舉全吳之衆精甲五萬伐徐州軍呂梁朱全忠頓大軍輝之行密聞全忠親征乃收軍而退（新五代史梁太祖紀）梁人追之及於下邳殺千餘人全忠行至輝州聞淮南兵退乃還（通鑑）

天祐四年朱瑾與史儼在豐沛間搜索糧餉（五代史）

候選訓導崔丹桂校

同治徐州府志卷第五下

紀事表

五代梁	時政	兵事	祥異
太祖開平四年	詔令輝州開倉賑饑（五代史天文志）		十月輝州水（五代史天文志）
末帝乾化三年		四月天雄軍節度使楊師厚及劉守奇率徐兗等八州之衆討鎮州（舊五代史末帝紀）	
乾化四年		九月徐州節度使蔣殷反時以福王友璋鎮徐方殷不受代朗以友璋及牛存節劉鄩等進軍攻討（五代史梁末帝紀）	
貞明元年		正月牛存節劉鄩拔徐州	

	時政	兵事	祥異
		蔣殷舉族自焚死詔福王友璋赴鎮徐州（五代史梁末帝紀）	
龍德元年	三月轉運使敬翔奏請於徐州等三處置場院稅茶從之（五代史梁末帝紀）		
五代後唐	時政	兵事	祥異
莊宗同光三年			十一月徐州上言十月二十五日夜地大震（五代史後唐莊宗紀）
明宗長興三年			六月甲子徐州等州大水（五代史後唐明宗紀）
五代晉	時政	兵事	祥異

	時政	兵事	祥異
高祖天福二年			四月徐州旱（五代史晉高祖紀）
天福七年			八月徐州蝗（五代史晉出帝紀）
五代漢	時政	兵事	祥異
隱帝乾祐元年			八月徐州有雲見五色（舊五代史湘陰公傳）
乾祐二年		二月徐州巡檢成德欽奏至峒峿山鎮遇淮賊破之（舊五代史漢隱帝紀）	冬徐州有鳥類鵲巢雉岩堂（舊五代史湘陰公傳）
乾祐三年	遣前太師馮道等往徐奉迎湘陰公劉贇（五代史漢隱帝紀）		冬十一月徐州天有白光如蓋聲如雷又有巨星隕徐野有聲

（舊五代史湘陰公傳）

五代周	時政	兵事	祥異
太祖廣順元年		正月戊辰湘陰公元從右都押衙鞏延美教練使楊溫等據徐州拒命帝遣新授節度使王彥超率兵馳赴之仍賜延美等敕書戊寅湘陰殂己卯詔王彥超率兵攻徐州二月克之（五代史周太祖紀）	
廣順二年		正月丙寅徐州巡檢供給官張令彬奏破淮賊于沭陽斬首千餘級擒賊將燕敬權時慕容彥超求援於淮南淮南主李景發兵援	

宋	廣順三年	世宗顯德三年	顯德五年	顯德六年
時政		二月南唐遣泗州牙將王承朗奉書至徐州求成於周不報（南唐書元宗紀）	五月徐宿等州所欠去年秋夏稅物並與除放（五代史周世宗紀）	二月庚辰發徐宿等州丁夫數萬濬汴河（五代史周世宗紀）
兵事	之師于下邳聞官軍至退趨沭陽遂破之（五代史周太祖紀）			
祥異	七月朔徐州言龍出豐縣村民井中卽時雷雨漂沒城邑（五代史周太祖紀）			

太祖建隆元年
五月丁丑以安邑解兩池鹽給徐宿等四州（宋史太祖紀）

建隆四年
九月徐州水損田（宋史五行志）

開寶三年
徐州水災害民田（宋史五行志）

太宗太平興國五年
二月斬徐州妖賊李緒等七人（宋史太宗紀）
六月徐州白溝河溢入城毁民舍隄塘皆壞（宋史太宗紀）

太平興國八年
徐州清河漲丈七尺溢出隄塞州三面門以禦之（宋史五行志）

淳化元年
七月單州碭山

		賑蝗（文獻通考）
淳化二年		冬十二月徐州淮陽等三十二州軍旱（宋史太宗紀）
淳化三年		七月彭城淮陽軍蝗蛾抱草自死（宋史五行志）
淳化四年		秋徐州霖雨秋稼多敗（宋史五行志）
眞宗咸平二年		七月彭城縣民張福先田粟一莖分四穗（宋史五行志）是年淮陽軍旱（文獻通考）
眞宗大中祥符二年	七月乙亥蠲京東徐州等七州水災田租（宋史眞宗紀）	七月徐州大水（宋史五行志）

大中祥符四年

八月徐州草場火（宋史五行志）

大中祥符七年

徐州大水（宋史五行志）

天禧三年

五月徐州利國監大風起西南壞廬舍二百餘區壓死十二人（宋史五行志）六月滑州決河泛澶濮鄆齊境（宋史真宗紀）至徐州與清河合浸城壁不沒者四版（宋史五行志）

乾興元年二月庚戌詔徐州賑貧民（宋史真宗紀）

仁宗天聖初			徐州仍歲水災（宋史五行志）
仁宗皇祐三年	正月詔徐宿等七州軍采磬石（宋史食貨志）		
嘉祐六年			三月徐州彭城縣白鶴鄉地生麵十餘頃民資取食（宋史五行志）
神宗熙寧二年	夏四月甲午定徐州等州保甲（宋史神宗紀）		
元豐四年			徐州麥一本百七十二穗（宋史五行志）
哲宗紹聖元年	閏四月丁酉詔添差徐州兵馬都監（宋史哲宗紀）		
徽宗建中			沛縣禾合穗（宋史

靖國元年		五行志
宣和三年	二月淮南宋江等犯淮陽軍遣將討捕宋史徽宗紀	
宣和四年 金太祖天輔六年	金充徐宿邳單馬都統王伯龍進攻徐州先登又擊斡世宗於邳州走之與大軍會於宿遷金史王伯龍傳	
政和四年		九月丙申彭城縣柏開花宋史五行志
政和六年		徐州生木連理宋史五行志
高宗建炎三年 金太宗天會七年	正月丙午金粘罕陷徐州守臣王復及子倚死之軍校趙立結鄉兵爲興復計宋史高宗紀 金粘罕以宋人江	

年	紹興元年 金天會九年	紹興三年 金天會十一年

淮運致金幣在徐州官庫者分給諸軍（金史宗弼傳）金人以騎兵三千取彭城間道趨淮甸（宋史高宗紀）金兵既去軍民請舉人陳某權知州事（宋元通鑑）四月宋趙立復徐州（宋史高宗紀）七月宋山東賊郭仲威陷淮陽軍（宋史高宗紀）

四月金將遙懶渡江屯宿遷馬樂湖七月遙懶自宿遷北歸（宋史高宗紀）以劉豫將兵戍邊置太乙宮屯劉倫莊訛里也屯淮陽（大金國志）

九月甲戌偽齊王彥先冦徐州（宋史高宗紀）

紹興四年 金天會十二年

九月金齊合兵自淮陽分道犯宋（宋史高宗紀）

紹興六年 金天會十四年

二月乙卯宋韓世忠引兵攻宿遷縣統制呼延通與金兵戰敗之丙辰韓世忠圍淮陽軍辛酉兀朮救淮陽韓世忠歸楚州（宋史高宗紀）

十二月戊戌韓世忠次淮陽及金人戰敗之（宋史高宗紀）

紹興七年 金太宗天會十五年

十月壬子宋統制呼延通王權等擊金人於淮陽軍敗之（宋史高宗紀）

金烏根論以五十騎敗楊家賊五百於徐州東（金史烏根論傳）

金天眷中宋[illegible][illegible]飛附劉

紹興十年　金熙宗天眷三年	州甚急完顏昂舉兵為聲援飛乃退（金史完顏昂傳、案荊州志云宋史飛本傳繫於下年事）六月宋韓世忠遣統制王勝背嵬將成閔率兵至淮陽軍南與金人遇擊敗之八月乙亥韓世忠圍淮陽軍不克庚辰金人及酈瓊合兵駐於千秋湖陵韓世忠遣統制劉寶等夜襲破之（宋史高宗紀）
紹興十一年　金熙宗皇統元年	金邳州土賊嘯聚幾二十萬蒲里特軍三千分為數隊急攻之賊潰去（是年金史蒲里特傳）

紹興二十六年　金廢帝正隆元年

金正隆間山東盜起夾古胡剌爲行軍猛安討賊遇賊千五百人于徐州南敗之（金史夾古胡剌傳）

孝宗淳熙十一年　金世宗大定二十四年

正月辛卯朔金徐州進芝草十有八莖（金史世宗紀）

寧宗嘉泰四年　金章宗泰和四年

山東西路轉運使張行信言徐邳地下宜麥稅粟許納麥以便民從之（金史張行信傳）

開禧二年

宋將劉文謙攻宿遷金邳

年	紀事
金章宗泰和六年	州刺史完顏阿鄰破之（金史完顏阿鄰傳本傳不載年月以下文破唐推之當迸[illegible]是年）秋七月甲午宋統制戚春以舟師攻邳州刺史完顏從政敗之春赴水死斬其副夏統制（金史章宗紀）
嘉定三年 金後廢帝大安二年	以河清告宗廟社稷（金史後廢帝紀）　四月金徐邳州黃河清五百餘里（金史後廢帝紀）
嘉定七年 金宣宗貞祐二年	時金山東河北諸郡失守惟徐邳數城僅存命僕散安貞爲諸路宣撫使安鎮遺黎（金史宣宗紀）
嘉定八年 金宣宗貞祐三年	秋八月庚子金置山東西路總管府於歸德及徐亳二州甲辰設行樞密院於

年

徐州冬十月癸巳樞密副使僕散安貞行樞密院於徐州（金史宣宗紀）

嘉定九年金宣宗貞祐四年

紅襖賊數萬攻邳州刺史紇石烈桓端破之于黃山賊復來桓端薄其衆走保北山追擊敗之（金史紇石烈桓端傳）四月侯摯遣完顏霆討劉二祖餘黨自清河至徐州破斬霍儀招降偽元帥石珪等餘衆皆潰（宋元通鑑）

嘉定十年夏五月癸丑蒙古綱行省金宣宗於邳州（金史宣宗紀）興定元年

紅襖賊剽掠徐單之間提控高琬等分兵擊之俘生口二千（金史完顏仲元傳）

嘉定十一年金詔東平行省侯摯植移夏四月金紅襖賊犯徐邳大水碭山野無

年 金興定二年	邳州行省數上言邳戶傲及八百而軍以萬計窮民失業者衆多詐導遷為兵又於海州煮鹽易糧置場宿遷以通商旅上從其言（金史侯摯傳）	行樞密兵大破之（金史宣宗紀）冬十月金邳州副提控王汝霖等通宋人為變伏誅（金史宣宗紀）十二月甲寅金紅襖賊攻彭城之胡村寨徐州兵討破之（金史宣宗紀）	碭民（金史[illegible]傳）
嘉定十二年 金興定三年	六月丁亥金命防禦使徒單福定等帥所部藏軍與沂州民老幼盡徙于邳（金史宣宗紀）	十一月甲寅金徐州總領納合六哥大破紅襖賊于狄山（金史宣宗紀）	
嘉定十四年 金興定五年	秋七月庚子金詔增給徐州潤口等處戍兵衣糧（金史宣宗紀）八月壬子朔金主諭尚書省碭山叛軍家屬囚歸德府者給與衣糧（金史宣宗紀）十一月辛丑金詔蠲除	秋七月己亥金義勇軍叛據碭山縣己酉命蒙古綱并力討捕（金史宣宗紀）	

嘉定十五年　金元光元年

徐邳等州逋租官民有能墾闢閒田除來年科徵（金史宣宗紀）

秋七月戊辰金紅襖賊襲徐州之十八里砦又襲古城桃園官軍破之（金史宣宗紀）

嘉定十六年　金元光二年

十二月辛巳金詔徐邳等州復業及新地民免差稅二年見戶一年營供給邳州者復免一年之半（金史宣宗紀）是年金以邳州經略司隸蒙古綱（金史蒙古綱傳）

八月辛未金邳州從宜經畧使納合六哥等率都統金山顏俊殺蒙古綱據州反十月總帥牙吾塔圍之扎也胡魯等拔邳州南城於是宋鈐轄高顯等（蒙古綱傳作紅襖賊）其誅六哥捋其首絕城降宋總領劉斌又縛顏俊等率軍民出降牙吾塔

理宗紹定五年

金哀宗天興元年

入城撫慰十二月辛巳詔邳州民丁死戰陳者各增官一階（金史哀宗紀石烈牙吾塔傳）

正月金完顏慶山奴自徐引兵入援徒單益都行省事於徐州時徐邳戰勝軍總領侯進杜政張興率本軍降蒙古北兵守徐之張盆渡益都令移剌長壽迎戰北兵掩之皆沒益都僅縋兵得萬人守禦北兵燒南關而去侯進復以千人來襲二月庚申北兵攻南門而上守者皆散走益都率州兵三百由齊樓力戰而南都之救被俘老幼五

于邳徐侯進杜政張興復來歸益都撫納之與閻徐政還邳州齊州人王祐封仙等燒草場作亂執興與同行益都縱城走興推祐為元帥已而殺祐王戍國用安以行山東路省事至徐斬張興以封仙為元帥主徐州邳帥兀林荅某亦讓印於杜政張送款用安（金史國用安傳）用安還邳州（國用安傳）七月乙未用安降金封兗王十二月癸丑用安率兵至徐州元帥王德全閉城不納用安攻徐州不下退保漣水（金史哀宗紀）

紹定六年正月以完顏仲德行省事三月元阿朮魯攻蕭縣游
金哀宗于徐州既至與國用安通騎至徐徐帥遣張元哥酋
天興二問用安升沛縣為源州縣秀昌救蕭未及職元哥退
年入卓翼孫蟻冲葉用安來走蒙古兵掩擒之遂陷蕭
歸仲德令統河北諸砦行（完顏仲德傳）夏四月壬午金徐
源州事（金史完顏仲德傳）州行省完顏忽斜虎執王
德全并其子誅之及其蕭
王琳楊璘斜卯延壽（金史哀宗紀）
是年金主令河北潰軍
就糧於徐宿泗三州（金史蒲察官奴傳）
七月金徐州行省完
顏賽不以州糧乏遣郎中
王萬慶會徐宿靈璧兵取
源州令元帥郭恩統之至
源州城下敗績而還再命
卓翼攻豐縣破之郭恩與

河北叛將郭野驢謀歸國用安見徐州空虛約源州叛將麻琮內外相應十月甲申襲破徐州行省完顏賽不死之（金史完顏賽不傳）

端平元年　金元興三年

正月元兵圍沛國用安徙救之敗走徐州（金史國用安傳）元將張榮攻沛殺其將唆蛾破之就攻徐州守將國用安引兵夜出榮逆擊之亦破其城用安赴水死旋拔邳州（元史張榮傳）

景定三年　元世祖中統三年

四月蒙古主詔安輯徐邳民禁征戍軍士及勢官毋縱畜牧傷其禾稼桑棗（元史太祖紀）五月丁丑蒙古主命

夏四月宋華路分湯太尉攻徐邳二州（元史世祖本紀）五月宋將夏貴攻邳州徐邳總管李杲哥出降貴旣去杲

史天澤考遜徐邳總管（元史）哥自陳能保全州城詔由
（世祖紀）六月癸卯蒙古主赦杲哥以下並原其罪（元史世祖紀）
武衛軍歳輸所產鐵（元史世祖紀）
十月蒙古主敕斷獄萬
戶忽都虎懷都何總管修
完邳州城壁（元史世祖紀）

度宗咸淳元年　至元二年

春正月蒙古邳州萬戶張邦直等違制販馬並處死（元史世祖紀）九月戊戌蒙古主敕江淮沿邊樹柵徐宿邳三州助役徒（元史世祖紀）

徐邳旱（元史世祖紀）十二月徐邳等州蝗（元史五行志）

咸淳五年　至元六年

邳州饑（元史五行志）

咸淳八年　至元九年

夏五月元主發徐邳二州丁壯萬人戍邳州（元史世祖紀）

年	時政	兵事	祥異
恭帝德祐元年至元十二年		二月甲辰伐宋命博羅歡為淮南都元帥阿里為左右副都元帥及阿里徹吉思等各部蒙古漢軍會邳州（元史世祖紀）	
德祐二年至元十三年	秋七月丙申元淮安饑應民流寓邳州者萬餘口聽遷其家（元史世祖紀）		
元			
元世祖至元十七年			邳州等州旱蝗（元史世祖紀）
至元二十五年			三月己酉徐邳睢甯屯田雨雹如雞卵害麥（元史

至元二十六年	閏十月庚子取石泗濱爲磬以補空懸之缺(元史世祖紀)
成宗元貞二年	
成宗大德元年	三月免徐邳等縣田租(元史成宗紀)
大德二年	十一月辛丑罷徐邳爐冶所進息錢(元史成宗紀)
大德四年	
大德六年	

世祖紀)

濟甯沛縣水(元史五行志)

三月徐邳宿睢等州縣河水大溢漂没田廬(元史五行志)六月徐邳蝗(元史五行志)

濟衛徐州旱蝗(元史成宗紀)

五月徐邳睢縣雨五十日(元史五行志)

武宗至大
元年
至大二年十一月以徐邳連年大水蠲免今歲差稅（元史武宗紀）
至大三年冬十月徐邳等處水旱以没入贓鈔四千餘錠賑之（元史武宗紀）
至大四年夏六月濟甯徐邳諸州水給鈔賑之（元史武宗紀）
仁宗皇慶
二年夏四月徐邳諸州饑民賑以鈔糴（元史仁宗紀上）
延祐二年免徐邳民戶稅糧（元史食貨志）
英宗至治

武二河合流水大溢（元史五行志五）是年徐邳饑（元史五行志五）
徐邳饑（元史五行志五）
六月徐邳二州大水（元史仁宗紀上）
徐邳等州水（元史五行志）
五月碭山縣霖

三年		雨雹稼（元史五行志五）
泰定帝泰定二年		三月徐邳饑（元史五行志）六月碭山蕭沛等五縣水（元史五行志五）
泰定四年		十二月邳州雨水（元史五行志五）
致和元年		三月河決碭山（元史五行志五）
明宗天曆二年	徐邳諸州饑民賑以鈔糧（元史明宗紀）八月賜御史中丞史惟良沛縣地五十頃（元史明宗紀）	徐邳大水（元史明宗紀）四月徐邳等州饑（元史五行志五）
文宗至順元年	夏四月徐邳等州饑民合有司以鈔粟賑六月旌表徐州胡居仁以孝行（元史文宗紀）	

至順三年

順帝至元二年 正月詔徐州等處凡荒閑地土可令所領士卒立屯耕種（元史兵志）

至元六年 賑邳州米兩月（元史順帝紀）

至正四年

至正五年

至正七年 二月河南山東盜蔓延濟甯邳徐等處十二月丙戌

五月碭山縣雨害民稼（元史五行志）九月濟甯豐縣大水（元史文宗紀）十二月徐邳等州饑（元史五行志）

邳州饑（元史五行志）

五月大雨黃河溢決白茅隄豐沛大水（元史河渠志）

徐州大饑人相食（元史五行志）

分撥達達軍與揚州屯軍於河南水陸關隘戍守東至徐邳北至夾馬營遇賊掩捕（元史順帝紀）

至正九年

夏五月白茅河東注沛縣遂成巨浸（元史順帝紀）黃河入沛始此

至正十年

十月徐州立兵馬指揮司以捕上馬賊（元史順帝紀）

至正十一年

八月丙戌蕭縣人李二號芝麻李聚衆攻陷徐州冬十月癸卯以宗王神保克復睢甯有功賜金帶一從征者賞銀有差（元史順帝紀）

至正十二

二月詔徐州內外羣聚之

春正月命逯魯曾為淮東

年

衆限二十日不分首從並與赦原（元史順帝紀）閏三月置淮南江北等處行中書省於揚州以徐州等州隸焉（元史百官志）

添設元帥討徐州濟甯兵馬指揮使賈章從知樞密院事月闊察兒討徐州秋七月辛巳命通政使答兒麻失里與樞密副使禿堅不花討徐州賊給敕牒三十道以賞功（元史順帝紀）八月己酉命知樞密院事咬住平章政事搠思監也可扎魯忽赤福壽並從脫脫出師征徐州（元史順帝紀）九月乙酉脫脫至徐州辛卯攻西門賊出戰脫脫麾軍奮擊大破之入其郛芝麻李遁遂屠其城（續資治通鑑）

至正十三年

詔取勘徐州等處荒田（元史

紀事表

年	順帝紀		
至正十五年	二月癸亥詔立忠節萬戶府於武安州（元史順帝紀）		
至正十七年		二月戊辰知樞密院事脫脫復邳州淵察爾使撒兒答溫等攻黃河南岸賊大破之（元史順帝紀）五月戊寅與平章政事亦怜真溫帖木兒復武安州等三十餘城（元史順帝紀）	六月邳州陷（元史五行志）
至正二十年		春正月張士誠破徐邳等州（續資治通鑑）	
至正二十五年		時徐州為張士誠所據（元史順帝紀）士誠旋降徐復為元地	
至正二十		二月徐州守將同知樞密	

六年

至正二十七年

五月吳主復徐邳等郡縣田租三年（明史太祖紀）

院判陸聚以徐州詣徐達軍降吳以聚爲江淮行省參政仍守徐（明資治通鑑）陸聚遣兵取邳州於是邳蕭宿睢諸縣皆降於吳（明資治通鑑）夏四月擴廓帖木兒遣兵攻徐州徐達分兵擊敗之傅友德同陸聚守徐州淮南北悉平（明史太祖紀）九月吳命江淮衛以兵千人守邳州（明資治通鑑）十一月吳徐達師次下邳都督同知張興祖由徐州進取山東（明資治通鑑）二月擴廓帖木兒遣左右李二攻徐州次陵子村傅友德擊破之

明	時政	兵事	祥異
		擒李二（明紀）	
洪武初			徐州獻瑞麥（舊志）
太祖洪武三年	春三月蠲徐州邳州夏租（孫運錦徐敘引舊志明史編）		
洪武四年	是年冬戍明昇將校於徐州（明史玉珍傳）		
洪武五年	蠲徐州田租（舊明史編）		秋七月徐州蝗（明史五行志）
洪武九年			夏睢甯大旱民多疫癘（舊志）
洪武十二年			十二月甲子徐州衛譙樓銅壺自鳴乙丑復鳴（明史五行志）

洪武二十一年	秋七月甲午除徐州蕭沛等四縣夏稅(明史太祖紀)
洪武二十三年	正月乙酉命齊王榑帥護衛及山東徐邳諸軍從燕王棣北征(明史齊王榑傳明紀)
洪武二十四年	徐沛饑民食草實(明史五行志)
惠帝建文三年	五月燕王遣都指揮李遠等率輕兵六千經沙河至沛縣焚糧艘數萬(明紀)
建文四年	正月棣兵攻沛縣指揮王顯迎降知縣顏伯瑋主簿唐子清典史黃謙死之棣兵薄徐州伏兵九里山又匿百餘騎于演武亭誘城中兵出腹背夾擊大破之

成祖永樂元年	徐州等府州蠲租一年(明紀)	(明紀)	徐州饑(明史五行志)
永樂十年	命御史賑邳州(明書八彙)	徐州賊張晉祥倡亂巡按御史丁璿擒斬之(舊志引州志明書彙)	邳州水災(通志引明)
永樂十一年	發廩賑恤(明書八彙)		徐州水災(明書八彙)
永樂十二年	春正月辛丑發徐邳等處民十萬運糧赴宣府(明史成祖紀)		
永樂十三年	命進士梁洞賑恤(舊志)		
永樂十九年	冬十一月甲申發徐州等三州丁壯運糧期明年二月至宣府(明史成祖紀)		徐州暨諸屬縣饑(舊志)
仁宗洪熙	徐州人光祿署丞權謹以		

元年
孝行擢文華殿大學士（明史仁宗紀）夏四月詔免淮徐民今年夏税及秋糧之半（明史仁宗紀）

宣宗宣德二年
八月甲子免徐州等州縣被災者税糧（明史宣宗紀）
八月徐州積雨河溢淹沒禾稼（行水金鑑引宣宗實錄）

宣德三年
邳州民商浩家資落一星不迎月遂其女入侍御（舊志）

宣德七年
巡撫曹洪奏蠲沛租（舊志）
沛大蝗（舊志）

宣德九年
二月庚戌賑徐州等四府
旱饑（明史宣宗紀）

宣德十年
徐州大饑（明史五行志）

英宗正統二年	命副都御史賈諒工部侍郎鄭辰往賑徐州（明史英宗紀）		夏六月徐州大水（明史英宗紀）
正統三年			七月徐州驟雨河溢（英宗實錄）
正統七年			徐州五月至六月霪雨傷稼（明史五行志）
正統八年			邳州陰霧彌月夏麥多損（明史五行志）
代宗景泰元年			八月徐州平地水高一丈民居盡圮（明史五行志）
景泰二年	徐郡大饑發廣運倉賑濟（明興錄）		
景泰三年	秋八月乙丑賑徐州水災		淮徐大水民饑

景泰四年

三月壬戌盡發徐州廣運倉米賑山東河南饑民（明史景帝紀案舊志云作[illegible]據史王竑傳增）夏四月築沙灣決口運南京倉粟賑徐州詔天下生員納米徐州等處以賑荒者許入監讀書（明史景帝紀稿）五月丁巳發淮徐倉粟賑饑民（明史景帝紀）運蘇州糧以補之（明史稿景帝紀）五月甲戌發支運及鹽課糧賑饑（明史景帝紀）是年徐州等處災傷令有力囚犯納米賑濟（續文獻通攷）

疫（舊志）

五月徐州復大水民益饑是月乙酉沙灣河復決（明史景帝紀）

景泰五年

三月辛酉侍郎江淵賑淮北饑民詔廣徐州東城以護廣運倉議行（明紀）戶部徵

春淮徐大雪數尺（明史五行志）

	英宗天順元年	天順七年	憲宗成化元年	成化二年	成化三年
米於蘇松常鎮四府令輸淮徐凡一百十餘萬石率三石而致一石王文用便宜停之（明史）秋九月壬戌免蘇松常揚杭嘉湖七府漕糧二百十七萬別運淮徐臨德四倉糧以補之（明史編年）（通紀）					
			遣都御史吳琛賑恤（舊志）	命都御史林聰賑恤（舊志）	
	夏徐州大水（明史五行志）	五月徐州大雨（明史五行志）	徐豐沛大饑（舊志）	徐大饑（舊志）	豐大水（舊志）

成化四年	秋八月管河主事郭昇築徐州洪兩岸石隄鑿外洪敗船惡石三百（明紀）		
成化七年	詔免夏稅（明政統宗）		徐蕭沛碭豐諸縣水（明政統宗）
成化十年	正月命淮徐臨德四倉支運米悉改水次交兌官軍長運遂爲定制（明紀）		
成化十二年			八月徐州水（明史五行志）
成化十三年	遣郎中四□發賑恤（舊志）		徐大水傷稼壞民居（舊志）
成化十四年			徐州大水夏麥一空（憲宗實錄）
成化十五年			徐州旱（明史五行志）

年		紀事
成化十六年		秋徐大水（舊志）
成化十七年		睢甯麥一莖三歧（舊志）
成化十九年		睢甯麥一莖五歧（舊志）
成化二十年		碭山饑（舊志）徐州有婦脇下瘻生兒（明史五行志）
孝宗宏治元年		徐州竹開花蕭縣仁壽鄉麥一莖三四歧（舊志）
宏治四年		夏邳睢大雨雹禾稼盡傷人畜多擊死（舊志）
宏治六年		徐州學（明史五行志）

宏治八年	宏治十三年	宏治十四年	宏治十五年	武宗正德二年
四月邳州雨雹深五寸殺麥及菜明史五行志	豐大水豐志	四月徐州宿遷雨雹平地五寸夏麥盡爛明史五行志	九月徐州地震壞城垣民居明史五行志冬豐桃李華豐志	黃河徙入沛縣泡河漂民廬舍損禾稼沛志

正德三年

宿遷冰紋如花樹，儼若圖畫之狀。遷志

正德四年

六月，河決黃陵岡、尙家等口，豐縣城四面皆水，兩岸闊百餘里。明史

正德五年

流賊劉六等攻破城邑，詔以宣府總兵官白玉守徐州。銅山縣志

正德六年

流賊楊虎陷宿遷。明紀本舊志云：流賊趙燧等攻徐州不下，至宿遷，淮安知府率兵擊賊，不戰而潰，即此事。是年，河南賊賈勉兒等三千人破碭山、蕭，焚殺無算。二月癸卯，劉六

等焚掠呂梁及房村驛舊州志

正德七年

正月流賊楊虎陷睢甯燬二月劉六等屯宿遷小河口指揮周正拒之退屯城子河掠邳州迦口集既復寇邳州知州周倘化拒却之三月賊焚掠呂梁總兵姚璉殿破之賊遁走舊州志四月壬辰都指揮楊騏擊走賊於徐州莊里集閘五月劉六劉七陷邳州督漕都御史張潛擊敗之六等遂從張林渡邳郯河南舊志

豐大風自西北來壞廬舍木石俱拔咫尺莫辨舊志秋沛豐大水

正德八年

沛豐水舊志

正德九年

沛碭豐大水秋

正德十年	正德十二年	正德十三年	正德十四年	正德十六年
冬十二月己卯免徐州被災者秋糧（明史武宗紀）		淮徐截漕運粟數萬石并益以倉儲賑濟（明典彙）	十一月帝自徐州乘船順流而下（明史武宗紀）	鳳陽巡撫奏淮徐連歲災傷特以淮揚鈔關銀十五萬兩發太倉銀三萬賑之
雎甯旱蝗殺不登（雎甯志）六月沛豐大水有二龍鬬於泡河（豐志）	徐州牛產犢一頭二舌兩尾八足（明史五行志）	淮徐等處歲饑（明典彙）	徐州大水壞官民廬舍傷禾稼蕭沛亦大水（蕭志）	

世宗嘉靖二年

（明典彙）留蘇松等處銀米，並發太倉銀二十萬兩、折漕米九十萬石賑徐州諸縣（明典彙）山東礦賊王友賢等劫掠抵徐州（明史俞諫傳）

蕭饑，碭旱疫，豐大水，沛河決，塞運道，壞廬舍，民多流亡，睢甯亦大饑，人相食（睢甯志）

嘉靖三年

六月，徐州蝗（明史五行志）

嘉靖四年

沛大蝗，飛禾，豐大饑（舊志）八月，徐州地震，聲如雷，九月復震（明史五行志）

嘉靖五年

徙豐縣治（明史紀，互見河防攷）

河水浸豐縣（明史紀）徐州饑（明史五行志）沛大水，舟行入

嘉靖八年

年	紀事	災祥
		市平地沙淤數尺豐亦大水又六七年沛豐俱大水（豐志）
嘉靖十年		蕭縣蝗（蕭志）
嘉靖十一年	秋九月免徐州等處被災者稅糧（明史世宗紀）	豐縣蝗（豐志）
嘉靖十二年		碭山蝗（碭志）
嘉靖十四年		睢河蝗（睢志）
嘉靖二十年	春正月免徐州等處被災者稅糧（明史世宗紀）	
嘉靖二十一年		夏沛大霖雨河溢敗民居禾稼（沛志）

嘉靖二十三年

蕭縣地震有聲是年蝗不入睢甯境麥有一莖三歧者歲大熟舊志

嘉靖二十五年

四月豐沛雨雹六月蕭縣民室中忽有火光須臾牛生一犢遍身鱗甲紅毛茸然駭而殺之數日猶聞腥氣八月二十五日徐州地震越三日又震九月豐地震有聲舊志

萬曆二十六年		七月徐蕭大水壞民居禾稼碭亦大水(舊志)
萬曆二十七年		徐蕭大水(舊志)
萬曆二十八年		徐大水蕭水圍城四門俱陷二十九年三十年徐蕭俱大水(舊志)
萬曆三十一年		九月丁酉河決徐州房村集至邳州新安運道淤阻五十里(明史神宗紀)春沛饑秋豐地震宿睢大水(舊志)

年			
嘉靖三十二年	春正月己卯侍郎吳鵬賑淮徐水災(明史世宗紀)是年秋減免淮徐稅糧五萬石並賑給無田民戶(續文獻通考)		春徐蕭沛豐邳睢俱大饑人相食(舊志)
嘉靖三十三年		二月乙丑倭犯通泰餘衆入青徐界(明史世宗紀)	徐州旱(明史五行志)
嘉靖三十六年		夏五月癸丑倭犯徐入山東界(明史世宗紀)	
嘉靖三十七年			秋七月河決碭山買曾河故道始淤(明紀)九月徐州蝗(明史五行志)碭饑(舊志)
嘉靖四十二年			
嘉靖四十三年	議准淮徐災傷漕糧改折邳州睢甯各准三分宿遷		

	蠲各准五分徐碭沛豐各准六分（續文獻通考）		
嘉靖四十四年	尚書朱衡請發宮帑銀大賑徐州（通志）		秋七月河決沛縣上下二百餘里運道俱塞散漫湖陂達於徐州浩渺無際（縣志）
嘉靖四十五年	以淮徐饑命巡鹽御史以修河道銀賑之（明史世宗）		徐蕭沛豐大水民饑蕭旱蝗（舊志）
穆宗隆慶元年			徐大水饑碭大雪傷禾（舊志）六月蕭縣雨雹大於雞卵堆成岡阜（縣志）
隆慶二年			元日沛豐大風拔樹八月大風

雨三日夜壞官民廬舍禾稼碭山大水（舊志）

秋七月壬午河決沛縣自考城虞城曹單豐沛至徐州壞田廬無算茶城淤塞漕船阻邳州不能進（明史穆宗紀）是年山東沂莒郯城水從沂州直河出邳州人民多溺死（明史）

隆慶三年

七月乙酉命徐屬有司實修積穀備荒之政（明史穆宗紀）壬辰遣使賑沿河被災州縣（明史穆宗紀）十月免淮徐鐵麻料價銀一年十一月詔減淮徐軍餉銀十二月又免追捕民壯軍餉銀（續文獻通考）

隆慶四年

秋九月甲戌河決邳州自睢甯

隆慶五年以徐淮等處災傷許改折蠲免各項錢糧有差並賑濟如例（續文獻通考）

白浪淺至宿遷小河口淤百八十里（明史 徐州志）秋沛大水入市睢甯大饑碭山亦大水（舊志）

夏四月甲午河復決邳州王家口自雙溝而下北決三口南決八口損漕船運軍千計沒糧四十萬餘石匙頭灣以下八十里悉淤（明紀 明史）九月六日水決州城西

隆慶六年	神宗萬歷元年	萬歷二年秋八月庚午賑徐州水災(明史神宗紀)
門傾屋舍溺死人民甚多(通志)	徐蕭自三年至六年皆大水(通志)七月黃河驟漲自徐碭以下悉成巨浸邳宿睢被災尤甚(通志)	秋七月河決徐州(明史神宗紀)徐蕭碭大水(通志)

夏沛雨雹傷稼碭山麥秀有二三歧至四五歧者秋復大水七月十五日睢甯

萬曆三年
八月戊子免徐州被水田租（明史神宗紀）並蠲賑有差（明史神宗紀）

萬曆四年
冬十月乙亥賑徐州及豐沛睢甯等七縣水災蠲租

宿遷大風雨屋瓦皆飛人畜死者甚衆是年大水環州城四門俱塞蕭城南門內成巨浸徐蕭民饑（古今）四月徐大水（明史五行志）、秋八月丁丑河決碭山徐邳淮南北漂沒千里（明史神宗紀）、徐蕭水夏蕭麥秀多四五岐（古今）九月河決沖及沛縣縷水隄豐

有差（明史神宗紀）

萬歷五年

萬歷六年

曹二縣長隄豐沛徐州睢甯田廬漂溺無算（明紀明史）河囓宿遷城（明史河渠志案是時河決崔鎮[illegible]吉云中黃太行隄凡數處）冬沛有鷙鳥攫取民男婦冠（徐志）

秋八月河復決宿遷沛縣等縣兩岸多壞（明史紀足）時河復決崔鎮大水壞蕭縣城（舊志）

豐縣大風自西南來揚沙拔木掀田車於空中

	萬歷七年	萬歷九年
		夏四月乙卯賑徐州等處災（明史神宗紀）
秋沛河溢睢甯亦大水有星夜隕州東鄉牧人掘之得物如石色青長九寸廣四寸下鋭上平十二月沛豐大雪二十餘日（舊府志）	沛麥秀三歧多至五歧（舊志）五月徐大水八月又水（明史五行志）	三月十九日宿遷睢甯大風雹傷麥禾秋復大水徐州大饑（舊府志）

萬歷十年		秋蝗不爲災（舊志）
萬歷十一年		徐蕭大水五月沛大旱（舊志）
萬歷十二年	春二月免徐州等處被災者稅糧（明史神宗紀）	睢甯大稔（舊志）十二月蕭縣山鳴如驚濤（明史五行志）
萬歷十六年		春徐蕭大饑人相食夏大疫死者相枕宿遷亦大饑（舊志）
萬歷十七年		蕭縣春旱夏蝗已復霖雨六旬秋大水（舊志）
萬歷十八年		蕭縣麥秀多二三岐者秋穀禾復一莖四穗五

穢徐州城中大水官廨民廬盡沒秋復大雨頃武觀井泉湧出如沸（豐縣志）

萬歷二十一年

督撫請留南糧賑徐州（府志）

五月大雨邳城陷水中（明紀）六月邳州宿遷溺死人無算（明史河渠志是時河決單縣黃堈口）是年徐蕭大饑人相食疫癘盛行死者載道沛豐亦苦霖雨凡三月人有食草木皮者（豐縣志）

萬歷二十三年以徐淮去歲水災遣

二年

使以兩宮及中宮銀五萬五百兩賑濟又以漕糧十五萬平糶江北（續文獻通攷）

萬歷二十五年

正月十五日徐州夜雨水冰鳥雀皆凍死八月沛地震九月復震（州志）有星隕徐河東光耀數畝色如磁石知州曾士毅械於庫（邳志）是年蕭大熟（蕭志）河決黃堌城壞故道湮（徐州志）沛麥雙歧（沛志）

萬歷二十六年

萬歷二十七年

浙江民趙古元至徐謀作亂徐州及豐沛人多有從者未及發兵備郭光復捕

	萬歷三十年	萬歷三十一年	萬歷三十二年
祲沴之(舊志)			
	四月宿遷大水(舊志)	五月河決沛縣四鋪口大行隄灌昭陽湖入夏鎮横衝運道豐縣被浸(舊志)是年徐州春夏淫雨傷稼秋冬大饑人相食沛縣夏秋大疫病死數千人(舊志)	秋九月河決豐縣(舊志)八月河決朱旺口及大行

萬曆三十四年		隄是年沛亦大水陷城（舊志）
萬曆三十五年		四五月宿遷大水平地深丈餘飛蝗食禾六七月霪雨彌甚（舊志）
萬曆三十七年	徐州賊殺如皋知縣張藩（明史神宗紀）	正月朔徐州火延燒居民數百家十二月天鼓鳴（舊志）　徐州蝗（明史神宗紀）
萬曆三十九年		六月自徐州北至京師大水（明史神宗紀）桃山岳王祠竹開花（舊志）

萬曆四十年			秋八月河決徐州（明史神宗紀）邳睢河水耗竭（明紀）
萬曆四十一年			七月河決徐州祁家店睢甯大水（乾隆志）
萬曆四十三年			徐州饑（明史五行志）邳州宿遷大旱是年蕭大熟（乾隆志）
萬曆四十四年	蠲賑徐州有差（明史神宗紀）		徐州大饑（明史神宗紀）徐蕭地震（乾隆志）
萬曆四十五年			河決徐州狼矢溝呂梁洪竭（明河渠志）
熹宗天啟元年			六月徐州大雨七日夜城內水深數尺壞民屋

千（徐志）

三月徐州地震有聲如雷（舊志）

天啟二年

六月妖賊陷夏鎮（明史熹宗本紀）九月山東妖賊徐鴻儒等由荆山口至徐營子房山下焚掠居民知州汪心淵斬賊耳目三人盡撤黃河舟楫賊引去向豐縣十月朔屯華山下知縣宋士中置官王錫印等率官兵及義勇軍壯迎賊三戰皆勝之斬獲頗衆賊引而北止常家店去豐未半舍遊擊焦某統淮徐兵五千至遂與東省四將合擊大破之（舊志）神機營都督蕭如薰鎮徐州賊攻沛縣知縣林汝

天啟三年

[illegible]堅守不下（明紀）

秋九月河決徐州青田大龍口徐邳靈睢河並淤呂梁城南隅陷沙高平地丈許雙溝決口亦滿上下百五十里悉成平陸（明紀）

天啟四年

還州治於雲龍山（明紀）山東徐賊欲窺焚掠睢甯城邑盜熾改參將設總兵（明史[illegible]）（[illegible]）九月賊擁眾攻沛縣沛人禦之遂掠南關而去（舊志）（邳州志）

秋七月癸亥河決徐州魁山隄東北灌州城城中水深一丈三尺（明紀舊志作六月甲申云官廨民廬盡沒人溺死無算）

天啟六年

七月河決匙頭

瀠灌洛馬湖邳宿田廬渰沒無算是月豐縣大霜殺禾（縣志）

天啟七年

張山土賊李五鄭三義等依山爲險四出剽掠爲徐宿邳三州之害（舊州志引）

河決沛縣（明史紀錄）蕭縣麥雙岐竟畝如一豐縣蝗（舊志）

莊烈帝崇禎元年

總兵官馬爌率兵攻李五等擣其巢擒斬之餘黨遂散（舊州志引）

夏徐蕭豐蝗傷麥沛縣天鼓鳴（舊志）

崇禎二年　從總理河道李若星請移睢甯治他所（明史李若星傳）

黃河大決沒睢甯城（明史李若星傳）年豐地震徐大雨傷麥蕭隕星如狗竹瀆地向

崇禎三年	崇禎四年

熟四月大水決郭家嘴平地水深七尺秋浦霖雨大水起徐雨雹巨者如盌傷禾鳥獸死者無算舊誌

四月州城南火燒民居數百家五月州境雨雹大如鷄卵屋瓦皆裂鳥獸死傷甚衆六月蕭大雷雨颶風拔演武廳梁棟落山東境上八月大

崇禎五年		
崇禎七年		

雨河溢九月有鳥羣飛自西北來狀如鳩而兇趾色元黃不樹棲夜飛向民家舉火照之輒墜人謂之反鳥蕭豐諸邑皆有之是月豐縣河決西洋廟舊志

正月徐州大雷雨秋蝗蕭豐諸邑大水人饑舊志

夏六月甲戌河決沛縣明史五行志蕭縣山鳴徐碭

崇禎八年

江北賊入碭境郡邑戒嚴參議徐標守徐賊不敢犯遂引而南（舊志引州志）是年饑

正月壬申徐州兵援鳳陽（明史莊烈帝紀朱大典時撫鳳陽總督漕兼皇陵）

蝗飛蔽天越城渡河禾稼木葉皆盡或入人室中嚙毀衣物（豐志）

六月七月徐州大雨有蝗蕭縣爲甚（沛志）

崇禎九年

正月賊自壽州犯潁霍蕭碭（明紀）是月戊辰攻蕭縣破之焚掠幾盡諸生死者甚眾（舊志引州志）己巳闖賊東奔宿州哭入沛縣焚戮婦豎掠其精壯入營中王用闖賊合墦地王金梁等二十

正月蕭城北門鎖無故自開皆三（通志）五月有蝗六月河決長山堤八月蕭豐河溢大水是秋每日向夕西方殷

崇禎十年

四營攻徐州不克〔舊志碭山縣志〕紅如血〔通志〕流賊又破蕭城〔明紀〕秋八月徐屬蝗饑九月癸卯江北賊附睢甯〔徐州志〕是十三夜大風雨月十六日賊至徐之房村民避寇境上者胡山等處官軍與鄉兵、槊男女衆死相枕砦胡山列陳禦之自晨至薄冬、文廟災〔舊志〕夕賊不敢過乃退十七日至城南焦山等處隨引去〔舊志徐州志碭山縣志〕

崇禎十一年

春旱夏徐沛豐蝗飛蔽天食禾苗至盡十二月十七夜地震〔舊志〕是歲徐州西山鳴隱隱如轟鼓聲者三〔江南通志〕

崇禎十二年	崇禎十三年
	盜焚掠沛縣南關（舊志州志）
徐屬邑大旱蓬蒿徧生人呼爲離鄉草（舊志）十二月蕭縣山鳴（明史五行志）	大旱二月四日蕭豐有異風自北來兵刃草樹皆出火光夏秋蝗蝻遍野積道旁成邱臭穢聞數十里民饑甚斗米千錢徐邳人相食流亡載道非聚衆搶掠不敢晝行或以

崇禎十四年

五月庚子蕭縣土寇犯徐州焚北關（舊志 碭山縣志）又合徐州賊圍豐縣（明季北略）

崇禎十五年

開州賊袁時中衆入蕭縣執知縣以去（明季北略）十二

婦子易錢百文米數升即去不顧（舊志）是年徐州田中白豆作人面形（明史五行志）又大旱蝗人相食道無行人夏大疫死無棺斂者不可數計八月黃河清常有鼠百十爲羣渡河而北十一月豐有雉棲於縣治（舊志）

疫甚四月二十四日天鼓鳴有

崇禎十六年

月袁賊衆犯鳳皖至睢甯參將古道行總兵戴國柱戰死淩城廟（舊志）是年土寇紛起張方造王道善等嘯聚河北掠豐沛程繼孔等盤踞鋸山一帶四山裝掠副使何騰蛟率兵平河北盜乃招繼孔欲就撫旋以騰蛟去而止（府志）是年十二月大淸兵入豐縣知縣劉光先死之（明季北略）

大星隕其光亘天是年宿遷有鴟鴞自北羣飛而南不可數計人捕食之（舊志）

九月地震十二月又震諸縣並同宿遷人家鐵器至暮常有火

國朝

世祖章皇帝順治元年

時政

兵事

正月流賊陷山西明巡撫路振飛遣將金聲桓等防守徐泗（明史路振飛傳）二月明將高傑縱兵東下鳳督馬士英迎駐徐州（明季北略）四月流賊李自成將董學禮據宿遷路振飛擊走之（明史路振飛傳）五月明復宿遷擒偽官武愫（小腆紀年南略）是月明分江北為四鎮高傑轄徐泗以徐州蕭碭豐沛等十四州縣隸之劉澤清轄淮海以邳宿睢等十一州縣隸之（明史）

祥異

順治二年

史可法傳　明季南略　九月明督師史可法命許大成等將兵駐睢甯（小腆紀年）自宿遷以東可法緣河南綫士卒十月大兵南下豐沛降戊子入宿遷旋取邳可法復宿遷城（明史史可法傳　小腆紀年）十二月大兵圍邳州三日是月徐州土寇程繼孔等復作亂明將高傑誘斬之（明季南略）四月大兵分趨碭山明總兵李成棟棄徐州遁克之（明季南略）五月大兵擊破副將高佐于宿遷（東華錄）遂定江南

蕭縣甘露降（舊志）

順治四年

秋霖雨大水宿

順治五年

邳大饑（邳州志）秋霖雨徐蕭饑有野菽生草中民多全活七月蕭地震八月蝗桑峪產芝三本九月姬村山鳴（蕭縣志）

順治六年

是年山東徐寇擾掠沛縣夏饑（沛縣志）

二月蕭東山虎北渡河五月霪雨六月異風拔木蝗蝻傷稼九月地震（蕭縣志）

順治七年

是年山東榆園賊擾掠徐境（舊志）副將張鵬擊平之（本傳）

是年蕭縣星隕大如輪光數丈（江南通志）

順治九年			是年邳州河決城垣傾圮(邳州志)
順治十年		九月膠寇陷睢甯教諭王相呂訓導李賢之死之(舊志、睢甯縣志)	五月雷震睢甯學宮大成殿鴟吻九月豐縣牡丹秋華(舊志)
順治十一年			雨雹傷禾(舊志)
順治十四年			秋豆大稔(豐志)是年蕭大旱湖井皆涸(蕭志)
順治十五年			五月地震九月河水溢冬月無雲而雷(舊志)
順治十六年			夏秋霪雨三月餘麥爛秋禾亦

傷。冬春民饑（舊志）是年河決歸仁隄（舊志）（州志）邳州饑（邳州志）

順治十七年 賑邳州饑民（通志）
四月蕭大雨雹（通志）是年邳州火（邳州志）

順治十八年 秋蝗（通志）

聖祖仁皇帝康熙元年 河溢宿遷下古城茅茨湖淤塞（宿遷志）是年河決睢甯（[illegible]）

康熙二年 夏麥大稔六月睢甯雨雹如拳傷禾稼（睢甯志）是年

康熙三年

康熙四年　是年賑邳州（邳志）

康熙六年

康熙七年

河決睢甯（行水金鑑）

是年河決睢甯（行水金鑑）

正月蕭西山鳴

六月邳睢甯宿遷雨潦七月颶風大作發屋拔木河船覆者無數（豐志）

秋大水（舊志）河決蕭縣（行水金鑑）

六月地震有聲自西北來壞城郭廬舍民多壓死七月河決邳州城陷于水是

	康熙八年	康熙九年	康熙十年	康熙十一年
年徐州蝗冬沛大雪深五六尺（舊志）	蕭大水冬雷電大雨（舊志）	秋河溢冬大雪凍及井泉（蕭志）	八月蕭地震河再溢（蕭志）是年秋邳州土霖傷禾稼（邳志）	夏蕭地又震（府志）秋河決邳州城又陷（行水金鑑）七月癸丑有龍十餘自東而西經睢

	康熙十二年	康熙十四年	康熙十五年	康熙十六年
蕭城去地僅十餘丈八月河決蕭碭大水（舊志）	十月豐桃李再實如王瓜（豐志）	河決徐州又決宿遷（行水金鑑引淮安府志）是年河又決睢甯花山等處（行水金鑑引縣志）	是年大水（舊志）河決宿遷（行水金鑑）	是年又大水夏沛大雨雹有巨如升斗者（舊志）七月河決宿遷（行水

（金鑒）

康熙十七年	徐蕭運三處被水皆有蠲賑（舊志）並賑邳州（邳志）	春隕霜殺麥秋大水冬沛饑十二月睢甯雨土地成錢形肉好皆具（舊志）是年河決蕭縣（行水金鑒）
康熙十八年	以災蠲賑（舊志）並賑邳州（邳志）	旱蝗（舊志）
康熙十九年		五月豐大風雨壞城堞廬舍平地成渠民數千家露處隄上（舊志）
康熙二十年		夏蕭麥大稔（舊志）河決宿遷（行水金鑒）
康熙二十一年		春霜殺麥盡枯

二年		睢甯亦大饑夏天鼓鳴秋沭大水是年睢甯飢雨黃黑丹〔江南通志〕〔舊志〕
康熙二十三年	是年聖祖仁皇帝閱河幸宿遷三月以邳州上年災蠲免地丁銀二千四百餘兩九月又蠲免邳州地丁銀三千四百七十一兩有奇又免沭縣地丁三分之一十一月蠲免邳州宿遷等處康熙二十四年下半年二十五年上半年地丁各項錢糧〔通志〕是年賑邳州〔邳州志〕	邳州水〔江南通志〕
康熙二十四年		邳宿水睢甯滸澇歲饑民鬻子女七月豐縣大風雨三日夜不休秋[illegible]損落發屋拔木平地水深尺許晚田漂沒沭縣饑〔通志〕〔舊志〕

康熙二十五年	春賑邳州（邳州志）閏四月發鳳陽倉銀米賑濟徐州等處又蠲免沛縣地丁錢糧仍賑濟饑民（通志）		是年旱沛縣秋災（通志 舊志）
康熙二十六年			宿遷蝗蝻食之不爲災（舊志）
康熙二十七年			秋雨無禾（通志）
康熙二十八年	是年聖祖仁皇帝南巡閱河幸宿遷蠲免邳州被水田畝應納地丁漕項歷年逋欠		豐縣雨傷禾雎甯夏秋淫雨平地水深二三尺歲饑邳州水（通志）
康熙二十九年	春賑邳州（邳州志）		宿遷旱蝗（舊志）
康熙三十年	賑濟宿雎饑民（通志）		春宿遷大旱無麥秋沛有虎（舊志）

年			
康熙三十二年			睢甯饑（通志）正月朔豐縣氛霾晝晦秋沛縣大水（通志舊志）
康熙三十三年			河溢花山口（舊志）
康熙三十四年			豐地震（通志舊志）是年花山口河又溢（舊志）運河溢宿遷東路口（宿遷志）
康熙三十五年	是年賑濟徐州等屬饑民（通志）		秋大霖雨花山河溢石狗湖堤壞郡城東南廬舍沛宿大水窰灣堤居民爲風雨所漂死者無

			算（邳志）運河溢宿遷東路口（宿遷志）
康熙三十六年	蠲免徐州等處被災錢糧（通志）又賑濟徐州等屬饑民（通志）		是年宿遷牛大疫民間多無耕畜（宿遷志）
康熙三十七年			河決李家樓口（舊志）
康熙三十八年	是年聖祖仁皇帝南巡閱河幸宿遷三月截留漕糧餘米八千石於邳州五千五百石於宿遷較時價減糶（通志）		
康熙三十九年			七月邳州宿遷睢甯大雨三晝夜平地水數尺豐亦大雨傷禾

康熙四十年	康熙四十一年	康熙四十二年
		是年聖祖仁皇帝南巡閱河幸宿遷四月免徵徐州睢寗三十七八九三年未完地丁倉項銀二萬四百二十二兩零及邳州四十年未完錢糧八月賑濟邳州饑
祿十二月宿遷黃河清（通志）是年睢寗有五龍吸水於河（通志）	夏旱秋沛大水自是連三年皆被水（通志）	河溢宿遷竹絡壩（通志宿遷志）

豐縣雨雹如卵如斗大者如杵傷麥禾秋宿遷大旱無禾邳州睢寗俱（通志舊志）

康熙四十三年	恩命應免錢糧另議具奏（通志）		沛大饑人相食己大旱歲饑（通志）
康熙四十四年	是年聖祖仁皇帝南巡閱河幸宿遷蠲停睢甯等處被災地方應徵地丁漕項銀米（通志）		三月大雪六月龍見沛東北郊首尾畢露秋宿遷大雨豆苗盡死睢甯以上（府志）
康熙四十五年	蠲免徐州地丁銀六千一百八十餘兩徐州衛邳宿睢蕭碭等州縣蠲免有差並賑濟饑民（通志）		五月豐縣雨雹徐州夏秋霪雨徐邳屬邑皆水（府志）
康熙四十六年	是年聖祖仁皇帝南巡閱河幸宿遷		

康熙四十七年		大稔（通志）
康熙四十八年	賑給徐屬州縣并徐州衛被災饑民并賑邳州十月以淮徐等屬水災獨蠲除本年錢糧全免又將康熙四十九年邳州等州縣衛地丁銀豁免有差（通志）	淫雨凡五月無麥徐屬民饑（舊志）
康熙五十一年	是年蠲免淮徐屬縣地丁銀並賑饑民（通志）	沛睢甯大水（舊志）
康熙五十二年		夏睢甯大水（舊志）
康熙五十三年		徐州麥秀雙歧有四五歧者自是連歲豐稔（通志）
康熙五十		秋沛睢甯大水

四年	康熙五十五年	康熙五十六年	康熙五十七年	康熙六十年	世宗憲皇帝雍正三年
			蠲免沛縣上年被災地丁并豁租銀三千二百餘兩（通志）	八月蠲免沛縣地丁銀二千一百餘兩（通志）	賑濟睢宿等處饑民（通志）
（舊志）邳宿水秋有蝗不入睢甯界入徐境不食禾皆抱草死（通志　舊志）	沛饑			三月沛大寒井凍不可汲歲饑（通志　舊志）	六月河決睢甯宿遷破水（通志　行水金鑑）

雍正四年

四月宿遷河決復溢（行水金鑑）十二月徐邳黃河清凡八日（皇朝通典）徐邳以東河清二千餘里凡二十餘日（通志）邳宿睢大水河復溢睢寧（宿遷舊志）

雍正五年

雍正八年

七月賑濟邳宿懸蠲本年錢糧有已完納者准作明歲須徵之數十二月又賑邳徐所屬州縣饑民（通志）

雍正九年

雍正十年

以上年徐州秋災蠲免所屬五州縣及徐州衛地丁

秋徐州豐沛蕭碭五州縣及徐州衛災（通志）

銀四千一百七十餘兩(通志)

雍正十一年　又以九年徐州秋災蠲免所屬五州縣及徐州衛地丁銀四千一百七十餘兩(通志)

高宗純皇帝乾隆元年　豁免雍正報陞淤地五千三十九頃宿遷報陞地四千七十二頃額徵銀其雍正十三年淤地未完錢糧亦免徵收(戶部則例)

乾隆四年是年　詔發粟賑邳徐屬(通志)自後遇四歲邳州蠲賑有差(邳州志)

乾隆五年　賑邳徐州(碭山志 [illegible]志)

夏雨澇傷稼民饑(豐志)

夏雨河溢傷稼(銅山志)秋碭山水(碭山志)

乾隆六年	賑卹徐州（銅山志　碭山志）	夏雨河溢傷稼（銅山志）秋碭山水（碭山志）
乾隆七年	發帑賑卹（銅山志　碭山志）邳州蠲賑有差（邳州志）	河決石林口銅山邳州水（銅山志　邳州志）秋碭山水（碭山志）
乾隆八年		夏旱秋河溢（銅山志）
乾隆九年		秋蝗河又溢（銅山志）
乾隆十年	賑碭山饑民後二年碭山皆有賑（碭山志）是年蠲賑邳州（邳州志）	夏旱（銅山志）秋碭山饑（碭山志）
乾隆十一年	賑邳州並全免本年地丁（邳州志）自本年至二十六年銅	秋銅山碭山水（銅山志　碭山志）

	山皆賑卹有差（銅山志）		
乾隆十二年	蠲賑邳州（邳州志）		是年銅山邳州碭山水（邳州志 碭山縣志）
乾隆十三年			六月雨淫壞廬舍（銅山志）
乾隆十四年	蠲賑邳州（邳州志）		饑（銅山志）
乾隆十五年	賑宿遷（宿遷志）		大雨壞廬舍（銅山志）宿遷水（宿遷志）
乾隆十六年	是年高宗純皇帝南巡幸宿遷二月免宿遷上年借出籽種銀兩（南巡盛典）並賑碭山（碭山志）及邳州宿遷睢甯（南巡盛典）		饑（銅山志）秋碭山水（碭山志）
乾隆十七年	賑卹碭山（碭山志）		六月河水溢壞民田廬（銅山志）

乾隆十八年	賑碭山（碭山志）	秋河決銅山（銅山志）蕭縣潘兩白（蕭縣志）六月至九月河溢楊家𡋯（蕭縣志）碭山水（碭山志）
乾隆十九年		饑（銅山志）夏四月蕭縣蝗蝻害稼（蕭縣志）
乾隆二十年	賑碭山復逮二年皆有賑（碭山志）	秋銅山碭山災（碭山志）
乾隆二十一年		九月饑（銅山志）是年碭山邳州宿遷水（邳州志）
乾隆二十二年	是年高宗純皇帝南巡幸宿遷由順河集至徐州閱視河	徐州屬邑大水（見首卷[illegible]）

工車駕經過州縣蠲免本年地丁十之三又以徐屬州縣衛受水患加展賑期截留漕糧以資借糶並免積欠籽種口糧（南巡盛典）

乾隆二十三年　饑（銅山志）

乾隆二十四年　銅山災（通志）

乾隆二十五年　賑碭山（通志）　銅山碭山大水（通志）

乾隆二十六年　銅山豐沛水（通志）沛縣睢甯災（南巡盛典）

乾隆二十七年

七年	高宗純皇帝南巡幸宿遷遂至徐州閱河車駕所過州縣蠲本年額賦十之三以宿遷歲收多歉酌借籽種加賑銅山沛縣睢甯各一月（舊志）	
乾隆三十年	是年高宗純皇帝南巡幸宿遷遂至徐州閱河車駕經過陸路諸縣特免本年額賦十之五（舊志）恩賞邳州節婦閔高氏玉帛	蕭人張某家犬作人言（舊志）
乾隆三十一年	蠲免徐州府屬三十二年應輸漕米（邳志）賑銅山（舊志）	河決韓家堂（銅山志）
乾隆三十		邳州旱宿遷地

三年			生毛秋桃李花（州志）
乾隆三十四年			秋宿遷蝗大傷禾稼（縣志）
乾隆三十六年			七月河決宿遷（河紀聞）
乾隆四十年			蕭民李振之妻劉一産三男（縣志）
乾隆四十一年	蠲免蕭縣應徵銀米並賑饑民（縣志）		河溢蕭縣李家樓（縣志）
乾隆四十二年			蕭民單二妻閆一産三男（縣志）
乾隆四十三年	蠲免徐州府屬四十五年漕糧（府志）		邳州旱四月宿遷大風折木發屋雨雹大如拳（州志）

乾隆四十四年	
乾隆四十五年	是年高宗純皇帝南巡幸宿遷
乾隆四十六年	賑銅山（縣志）自本年至四十八年邳州皆有蠲賑（州志）
乾隆四十七年	賑銅山（縣志）

蕭縣民家豕生子六足二足綴臀不能着地（蕭縣志）邳州水（州志）七月河決睢甯（[illegible]）夏霪雨微山湖溢銅山邳州皆水蕭民李某畜犬作人言（州志　府志）六月河又決睢甯（[illegible]）八月豫省青龍岡決河東注沛縣城遷治棲山（河渠志）銅山邳州水（邳州志）宿遷大水沭

乾隆四十八年　銅山展賑五月（銅山志）

乾隆四十九年　是年高宗純皇帝南巡幸宿遷遂至徐州展賑銅山兩月（銅山志）

乾隆五十年　賑銅山蕭縣邳州兼賑有差（邳州志　蕭縣志）

河六塘河俱溢（宿遷志）

銅山邳州水（邳州志）

饑（銅山志）四月宿遷蝗食麥（宿遷志）蕭民孫登元妻黃一產三男（蕭縣志）銅山地震四月黑風自西北來人咫尺不相見毀廬拔木男婦有吹至三十里外者風中有雨點如砂（銅山志）歲銅邳宿大旱

年			
乾隆五十一年			蕭縣饑(州志)春地生毛銅山宿遷大饑斗米千錢夏大疫(縣志)蕭縣邳州水宿遷有蝝傷麥(邳州志)
乾隆五十二年	蠲免蕭邳田賦有差(州志)		蕭縣洪閘兩河漫溢大水(蕭志)五月河決睢甯宿遷被水(南河成案)是年邳州水(邳志)十二月蕭民邢三毛家犬作人言(蕭志)
乾隆五十四年	蠲免蕭邳田賦有差並賑卹饑民(州志)		
乾隆五十	蕭縣蠲賑有差(蕭縣志)		六月河決碭山

五年		蕭宿邳州大水（河[illegible]）（成案 州志）
乾隆五十七年		宿遷大水（縣志）
乾隆五十九年	蠲免徐州屬嘉慶二年漕糧并免積欠銀穀（戶部則例）	六月河決豐縣注微山湖沛縣被水（南河成案續編）
乾隆六十年	寬免蕭縣碭山睢甯邳州宿遷沛縣等處未完攤徵水利河道隄埝各工銀兩又免碭山蕭縣銅山睢甯邳州宿遷等處攤徵續修王平莊埽壩工程銀兩（戶部則例）	
仁宗睿皇帝嘉慶元年	是歲徐屬蠲賑有差（州志 蕭[illegible]）（南河成案續編）自秋至冬銅豐沛	六月河決豐縣沛銅蕭邳皆水

年		
	碭賑四月（銅山案冊）	（南河成案續編）七月蕭無雲而雷（蕭縣志）是月銅山天鼓鳴有大星如斗自東南落於西北隱隱有聲（銅山志）
嘉慶二年	春展賑三月（銅山案冊）蠲緩邳州（邳州志）豐沛碭蕭皆蠲賑有差（南河成案續編）	邳州蕭縣水（邳州志）七月河決碭山（南河成案續編）
嘉慶三年	賑邳銅山（縣志）碭蕭豐沛縣皆撫卹有差（南河成案續編）並蠲賑邳州（州志）	宿遷沭水溢秋河決下注微山湖銅豐沛邳皆水（邳州志）
嘉慶四年	蠲賑碭蕭邳被水州縣（南河成案續編）是歲銅豐沛宿睢寧縣及徐州衛皆有賑（邳州志）	八月河決碭山蕭縣邳州皆水（南河成案續編、邳州志）

嘉慶五年	蠲賑碭豬有差（南河成案續編）		九月銅山竹有花（縣志）
嘉慶六年			二月大雨水冰鳥雀多凍死秋宿遷沭河六塘河皆溢冬銅山蝻生如織（縣志）
嘉慶七年	因河溢蕭縣被災蠲賑有差（縣志）		九月河溢（行水金鑑）堤
嘉慶八年			秋八月杏有花（銅山志）
嘉慶十年			旱（銅山志）
嘉慶十一年	蠲賑邳州睢甯并蠲賑邳州衛屯銀米有差（南河成案邳州志）		七月河決睢甯九月又決銅山（南河成案續編）

紀事表				
	嘉慶十二年	嘉慶十三年	嘉慶十四年	嘉慶十五年
	二月郡城火延燒百餘家又風從西北來發屋拔木天黑如漆樹木金鐵皆有火光蕭山志	四月雨雹深一二尺壞田廬蕭山志	秋蕭旱蕭山志	正月銅山宿遷風赤如血竟日蕭山志六月蕭有二龍見一墮地行數里七月蕭又

嘉慶十六年 因河決豁賦賑被災州縣有差（南河成案 續纂通志）

嘉慶十七年

嘉慶十八年

嘉慶二十一年 賑邳州（邳州志）

有青龍吸水於河（舊志）

七月河決邳州又決碭山（南河成案）

（續纂）銅山旱（銅山志）

大旱四月霧霾傷麥是年微山湖涸民掘藕爲食（銅山志）

五月大風雨雹縣白麥差（舊志 通志）

秋九月銅山霪雨河溢（銅山志）

夏大雨水荊山口南有龍夜行過櫟某家屋傾

嘉慶二十五年	蠲賑邳州（州志）	屋死人一十二（銅山志）七月竹有花（銅山志）
宣宗成皇帝道光元年	是年賑徐邳蕭碭沛豐睢宿衛一月口糧（銅山志 州志）	邳州水（州志）正月宿遷大雨河溢民饑六月銅蕭大疫死者無算秋大雨傷禾
道光二年	撫卹銅山（銅山志）並蠲賑邳州（州志）	春蕭大饑秋霪雨害稼
道光三年	賑銅山（銅山志）	秋大雨水（銅山志）
道光六年	蠲賑邳州（州志）	二月大風拔木夏疫牛畜多死（銅山志）邳宿饑（州志）

道光七年	道光九年	道光十年	道光十一年	道光十二年
				賑邳州（州志）
夏雨雹（銅山志）	八月邳州雨雹深數寸十月徐邳地震（州志）	二月邳州雨雹四月銅山雨雹閏月徐邳宿皆地震六月銅山又雨雹（州志）	八月邳州地震（州志）	邳州自二月不雨至於六月秋霪雨害稼（州志）宿遷大饑人相食（縣志）夏蕭大雨四

		十日
道光十三年	春賑銅蕭碭邳宿睢衛一月口糧銅山[illegible]	邳宿蕭大饑疫
道光十五年		宿遷蝗
道光十七年		五月宿遷大風折木發屋
道光十九年	賑邳州	邳宿麥不熟
道光二十年		宿遷大旱地生蛛網邑民賀某家驢生駒二首一身又邑民汪氏柳夜常有光雷擊碎之光猶不息數月乃滅

道光二十一年	道光二十二年	道光二十四年	道光二十五年
夏宿遷大旱地生黑刺如豕毛四月邳州隕星二	夏邳州大風雨雹秋宿遷飛沙落地作錢形肉好皆具遍數十里	四月邳州下滸集大風雨雹屋盡圮死者甚衆秋運河決宿遷張家窰	六月邳宿大水

道光二十六年	賑銅蕭及徐州衛一月（[illegible]）	正月宿遷大風拔木三月蕭大水六月邳宿地震邳州睢蕭大風拔木
道光二十七年		九月地震
道光二十八年		閏四月蕭大雨雹傷禾十月邳州雨雹
道光三十年		秋宿遷地震黃豆如人面形眉目口鼻皆備
文宗顯皇帝咸豐元年	賑濟銅沛豐碭四縣被水災民并蠲賑邳州自是至十年邳州蠲賦連歲有差	春徐宿飛沙遍地作錢形夏宿遷地生毛秋河

決碭山後沛縣榛山新治銅豐沛邳宿等邑皆大水

咸豐二年是年截留漕米三十萬石賑給銅沛豐邳碭五州縣及徐州衛被水災民

大水冬沛縣宿遷地震桃李華沛民大饑

咸豐三年復賑銅沛豐邳碭五州縣及徐州衛災民

春蕭疫沛水三月宿遷地震大饑疫是年徐州竹有花多枯死

咸豐四年復賑銅沛豐邳碭五州縣徐州衛災民二月粵匪洪秀全分股北竄擾掠銅蕭碭等境遂渡河攻陷豐縣知縣張志周等死之官兵追擊復豐縣賊竄山東復回陷豐縣官

冬沛饑比年決河未塞徐北境皆大水

軍再克之

咸豐五年　賑邳州

十一月捻首張樂行自宿北竄蕭縣焚掠西南鄉遂入永城界

春沛縣地震夏宿遷大水河湖盡溢龍見毛家河

咸豐六年　賑邳銅蕭碭三縣及徐州衛被兵災民又以沛縣全境旱賑之

二月捻匪竄掠蕭縣瓦子口大吳集徐州總兵傅振邦等擊敗之賊竄皖豫十月復回掠蕭縣銅山迫郡城徐州總兵史榮椿破之郡西九里溝

夏旱蝗冬宿遷民家豕生一物一首二身是冬沛縣饑

咸豐七年

正月副都統伊興額追賊至蕭縣洪河敗之是年春沭民陳玉標聚衆千餘人掠宿遷峒峿邵店官兵擊平之冬捻匪竄掠睢甯高

春沛宿遷饑七月蕭大雨水平地尺餘九月星大如斗隕於蕭

咸豐八年

作浚城等處三月賊首任乾分股由靈泗北竄雙溝及邳州境復同援睢甯之官山大李集副將鶴齡等進援睢甯賊望風先退四月捻首任添幅等自靈宿犯徐州副都統伊興額擊走之五月捻首劉狗自山東揚碭山蕭縣闖入豐沛直薄徐城既而西走豐單七月沭民李老等聚黨數百人踞宿遷韓家集游擊張振西擊殺之八月捻賊陷豐縣教諭高青選等皆死焉知縣陳敦詩等克復豐縣城九月

五月龍見宿遷之沙河蕭大風拔木

年			
		賊犯蕭銅分擾豐沛睢邳東掠宿遷皁子集外委馬得功死之十一月捻賊任添幅等又竄掠豐縣西走金鄉單縣	
咸豐九年		四月捻匪自山東南犯邳州城擾掠官湖窰灣及宿遷之皂河西竄留邳城巡檢鄭樾迎勦死之五月河南捻匪東竄碭山分擾碭蕭豐沛焚掠利國驛	春宿遷蕭沛地饑四月蕭雨雹
咸豐十年		正月捻匪竄掠宿遷城東二月賊竄邳州睢甯掠舊城睢甯外委魏永剛死之	
咸豐十一年		二月捻匪攻擾宿遷歸仁集四月捻匪自宿遷洋河	三月宿遷沭河兩岸隕石數十

今上皇帝

同治元年

掠縣城外西竄睢甯大李營如甯夏雨雹
鎮又分擾雙溝沭民徐墳秋蝻蝗
等寨衆攻陷宿遷北鄉民
砦五月捻匪至邳境灘上
集泇口汛把總武占魁死
之逆悉衆竄逼郡城官軍
迎擊焚掠西關而遁秋捻
匪復竄銅蕭十二月又掠
雙溝等鎮是年三月嶧縣
山賊孫茂庚劉平等竄掠
邳州及銅山利國汴塘等
處陷沛境夏鎮等民砦冬
十一月徐州道吳棠檄將
王致祥等擊平之
二月匪首李成等圍睢甯宿遷蕭陰霾大
竄宿遷車路口及皂河汛風有蝗九月捕

同治二年

回掠睢甯慶安集四月竄縣杏再竄
邳捻首張逢科竄掠雙溝
六月捻首任弗得等掠邳
州岠山七月分竄雙溝四
界司巡檢余文俊死之復
回竄睢甯窯灣邳十一月自
睢甯找溝至宿遷窰灣西
北入邳州銅山東境皆被
其害都司張致富邀賊邳
州莊家营戰歿總兵姚廣
武等追擊破之賊入山東
五月捻賊圍碭山既退七
月復犯碭山東掠蕭縣姚
家樓竄至銅山敬安集擾
及郡城西十八里屯八月
回竄豐碭十月捻首李大

個子相繼等竄擾沛縣東及徐宿總兵姚廣武擊走之

同治三年

五月沛旱十一月雷雨

同治四年

四月科爾沁親王僧格林沁追賊至邳州賊自官湖同撲宿遷新安鎮游擊張祖雲擊却之賊遂退據峒峿邳店分竄南竄邳河總兵歐陽利見等扼河不得渡總兵張從龍擊敗之遂北竄郯城五月山東捻匪自曹州東掠豐沛九月賊擾豐縣劉口集

三月沛雨雹傷稼是年宿遷大水龍見東方秋蕭桃李華

同治五年

四月匪首任柱等分竄邳夏五月宿遷大

同治六年

宿睢甯攻突宿遷縣城圩五日始解總兵姚廣武追敗之于洋河渠匪首張總愚賴文洸竄豐碭蕭境提督劉銘傳擊賊解豐縣圍賊南入銅山逼郡城提督劉銘傳又邀敗之於荆山橋遂東竄雙溝陷小店等砦遁入泗州十月賊首賴文洸等復西自曹濟入豐境提督劉銘傳總兵張樹珊擊破之遂東竄沛縣湖團既而折回山東

風霾雨六月蕭沛大雨水

八月匪首任柱賴文洸等掠宿遷破北境民砦提督劉銘傳追擊之賊竄山東

春蕭縣饑六月大雨水蕭桃李華

十二月官軍擊殺任柱賴文洸梟潰投順宿營者無算東南蕩平

同治七年八月以徐屬州縣屢被兵災蠲免六年以前逋賦

候選訓導崔丹桂校

【民國】銅山縣志

余家謨、章世嘉、王嘉銑、王開孚纂

民國十五年（1926）刻本

銅山縣志第四篇

紀事表

左史紀言右史紀事尚矣然春秋獨詳紀事過災與戰則必書馬班二史各標帝紀迹其所載多一時政要方志者古史之流也帝王政令與夫災害兵戎之興亦必年編月次與其他相經緯乃不致漫無綱領章學誠氏永清縣志首列皇言恩澤紀王闓運氏湘潭衡陽二志均編事紀名異而義則無殊道光舊志於紀事分目過繁同治府志合之爲表近乎國史要删之義矣茲於其所載銅山事删其誕異害不及民者餘悉著於篇又采諸史志及他書以附益之其或事關紀迹而年月略不具無可增入惜哉如後漢書

王氏傳由引十三州志成帝時河隄大壞汎濫青徐等州琅邪孝明八王傳和帝使彭城王恭至下邳爲正其嫡庶立太子成之類

年代	災變	時政	兵事
夏 帝啓 十五年			彭伯壽帥師征西河（竹書紀年）案帝啓在位史記夏本紀作皇甫謐曰元年甲辰十年癸丑崩通鑑前編元歲甲申九歲壬辰崩均與竹書云十六年陟不符
商 河亶甲 三年壬戌			彭伯克邳（竹書紀年）
五年甲子			侁人入于班方彭伯韋伯伐班方侁人來賓（竹書紀年）
祖乙 元年己巳		命彭伯韋伯（竹書紀年）	

紀年	紀事
武丁四十三年戊午	王師滅大彭竹書紀年
周簡王十三年戊子 魯成公十八年	楚子辛鄭皇辰侵城郜取幽丘同伐彭城納宋魚石向爲人鱗朱向帶魚府焉以三百乘戍之而還七月宋老佐華喜圍彭城老佐卒焉冬十一月楚子重救彭城伐宋左傳
十四年己丑 魯襄公元年	仲孫蔑會晉欒黶宋華元衛甯殖曹人莒人邾人滕人薛人圍宋彭城春秋彭城降晉晉人以宋五大夫在彭城者歸寘諸瓠丘秋楚子辛救鄭侵宋呂留左傳韓伐宋到彭城執宋君史記韓世家
靈王	

十七年丙申	顯王 四十二年甲午	秦始皇 二十八年壬午	二世 二年癸巳
	宋大丘社亡九鼎淪沒於泗水彭城下 漢書郊祀志	始皇東行郡縣還過彭城欲出周鼎泗水使千人沒水求之弗得 史記秦始皇本紀	
			秦嘉已立景駒為楚王軍彭城東欲以距梁梁擊秦嘉軍敗走追至胡陵嘉戰死 漢書項籍傳 九月沛公項羽攻陳留聞項梁死乃與呂臣引兵而東呂臣軍彭城東項羽軍彭城西沛公軍碭 漢書高祖紀

漢 高祖 二年丙申		楚都彭城史記漢興以來諸侯年表秦楚之際月表載此事於義帝元年實一丙申也	漢王劫五諸侯兵遂入彭城項羽引兵去齊從魯出胡陵至蕭與漢大戰彭城靈璧東睢水上大破漢軍多殺士卒睢水爲之不流史記高祖本紀
三年丁酉			項羽使項聲復定淮北灌嬰渡淮北擊破項聲郯公下邳斬薛公下下邳遂降彭城史記灌嬰傳
五年己亥		東定楚地泗水東海郡凡得二十二縣漢書周勃傳	
十一年乙巳			七月淮南王黥布反北渡淮楚王交走入薛史記高祖本紀楚丞相冷耳堅守彭城史記高祖功臣侯年表
孝文帝	四月齊楚地震		

元年壬戌	二十九山同日崩大水潰出漢書文帝紀
五年丙寅	十月楚王都彭城大風從東南來毀市門殺人漢書五行志
後元七年甲申	九月有星孛于西方其本直尾箕末指虛危長丈餘劉向以爲尾宋地今楚彭城也漢書五行志

孝元帝十一月齊楚地

建昭二年甲申
大雪深五尺 漢書五行志

孝成帝河平二年甲午
四月楚國雨雹大如斧蜚鳥死 漢書五行志

附王莽天鳳六年己卯
青徐民多弃鄉里流亡盜賊並起青徐荆楚之地往往
老弱死道路 漢書王莽傳
萬數 漢書食貨志

地皇三年壬午
王莽末年青徐地人相食莽遣三公將軍開東方諸倉振貸窮乏 漢書食貨志參王莽傳

後漢

劉玄更始二年甲申
十一月使大中大夫伏夏虎牙將軍蓋延等南伐劉永
梁王劉永攻下沛楚 後漢書劉永傳

世祖

建武二年丙戌

蓋延持節安輯青徐二州攻取麻鄉進拔薛彭城降後漢書蓋延傳

後漢書光武紀秋虎牙將軍蓋延傳

延定沛楚臨淮後漢書蓋延傳

四年戊子

春蓋延進與董憲戰留下破之復追敗周建蘇茂於彭城又往來邀擊憲別將於彭城郯邳之間頗有剋獲後漢書蓋延傳

五年己丑

春龐萌反帝自將討萌萌攻破彭城帝自湖陵親臨攻憲等于昌慮大破之憲及龐萌走保郯八月己酉車駕轉徇彭城下邳遂[illegible]

八年壬辰

詔琅邪太守陳俊得專征青徐後漢書陳俊傳

十三年丁酉　揚徐部大疾疫後漢書五行志注引古今注

十六年庚子

青徐等四州羣盜並起攻劫害殺長吏冬十月遣使者下郡國聽羣盜自相糾擿五人共斬一人除其罪於是更相追捕賊並解散後漢書光武紀

二十年甲辰

冬十月東巡狩甲午幸魯進幸東海楚沛國後漢書光武紀

明帝

永平元年戊午

青徐二州給錢歲二億七千萬於遼東賞賜鮮卑大人歸附者後漢書鮮卑傳

十三年庚午	楚王英謀反徙丹徒楚太后仍留楚後漢紀
十五年壬申	春二月庚子東巡狩徵沛王輔會睢陽進幸彭城後漢書明帝紀止楚王館悲慟左右百官淒然後漢紀
十八年乙亥	京師及兗豫徐三州大旱後漢書章帝紀詔勿收兗豫徐州田租芻藁以見穀給貧人後漢書章帝紀
章帝 章和元年丁亥	秋八月癸酉南巡狩九月庚子幸彭城後漢書章帝紀
和帝 永元十六年甲辰	二月己未詔徐兗等四州比年雨多傷稼禁沽酒夏四月遣三府掾分

行四州貧民無以耕者爲僱犂牛直 後漢書和帝紀

安帝

永初元年丁未 春正月戊寅稟徐冀等州貧民 後漢書安帝紀

四年庚戌 徐青等六州蝗 後漢書安帝紀

七年癸丑 九月調零陵桂陽丹陽豫章會稽租米賑給下邳彭城等郡貧民 後漢書安帝紀

順帝

漢安元年壬午 詔遣侍書欒巴使徐州班宣風化舉實臧否 後漢書順帝紀 欒巴傳

二年癸未 十二月揚徐盜賊攻燒城寺殺

略吏民後漢書順帝紀

建康元年甲申　八月揚徐盜賊范容周生等寇掠城邑遣御史中丞馮赦督州郡兵討之後漢書順帝紀案隸釋馮赦作馮緄　揚徐劇賊寇擾州郡後漢書梁皇后傳

沖帝　永嘉元年乙酉

桓帝　永興二年甲午　六月彭城泗水增長逆流後漢書桓帝紀

永壽二年丙申　秋七月太山賊公孫舉等寇青兗徐三州遣中郎將段熲討破斬之後漢書桓帝紀

延熹九年丙午　青徐炎旱五穀損傷後漢書陳蕃傳

靈帝

中平四年丁卯

前中山太守張純畔入丘力居衆中，爲諸郡烏桓元帥，寇掠青徐等州（後漢書烏桓傳）

五年戊辰

彭城下邳等郡何進符使王匡於徐州冬十月青徐黃巾復起寇郡縣（後漢書靈帝紀）

國水大出（續漢五行志注引袁山松書）發彊弩五百西詣京師（三國志魏志武帝紀注引英雄記案後漢書何進傳云使府掾太山王匡東發其郡強弩云云與此異俟攷）

獻帝

初平二年辛未

初平中

徐州黃巾起以陶謙爲徐州刺史擊走之（三國志陶謙傳）

彭城王和爲賊昌務所攻避奔東阿後得還國（後漢書彭城靖王傳）

四年癸酉

天子都長安徐州刺史曹操擊陶謙破彭城傅陽謙退

陶謙遣使閒行致貢獻保郯操攻之不能克乃還（後漢書陶謙傳）

興平元年甲戌

是時徐州百姓殷盛穀米豐贍流民多歸之（三國志陶謙傳）

建安三年戊寅

三國魏

文帝

九月赦青徐二州（三國志文帝紀）

謙傳）下邳闕宣聚衆數千人自稱天子徐州牧陶謙與共取泰山華費後遂殺宣并其衆（三國志魏武帝紀陶謙傳）

曹操征徐州田楷與劉備俱救之謙表備爲豫州刺史屯小沛謙死别駕麋竺率州人迎備備遂領徐州（三國志蜀先主傳）

秋九月呂布將高順破沛城劉備單身走歸操操自將擊布進至彭城十月操屠彭城（通鑑）獲其相侯諧（三國志魏武帝紀）

紀年		
黃初五年甲辰		
六年乙巳		八月帝以舟師自譙循渦入淮從陸道幸徐九月築東巡臺三國志文帝紀
明帝景初元年丁巳	九月徐豫等四州水出沒溺殺人漂失財產晉書五行志	九月遣侍御史循行徐州沒溺死亡及失財產者在所開倉賑救之三國志明帝紀
晉武帝泰始四年戊子	九月徐州大水晉書五行志	
五年己丑	二月徐州水晉書武帝紀	二月遣使賑恤徐州晉書武帝紀
咸寧元年乙未	九月徐州大水	

晉書武帝紀

三年丁酉 九月徐州大水九月詔賑給徐州晉書武帝

太康三年壬寅 傷秋稼晉書武帝紀

九月吳故將莞恭帛奉舉兵反圍揚州徐州刺史嵇喜討平之晉書武帝紀

四年癸卯 七月徐州大水傷秋稼壞屋室有死者宋書五行志

惠帝是歲徐州大水七月詔遣御史巡行振貸徐州晉書惠帝紀

元康五年乙卯 晉書惠帝紀

八年戊午 九月徐州大水晉書惠帝紀

永寧元年辛酉 自夏及秋徐州

皐晉書五行志

太安元年壬戌 秋七月徐州大水晉書惠帝紀

二年癸亥 七月臨淮人封雲舉兵應石冰自皐陵寇徐州殺傷數萬人晉書惠帝紀五行志

永興元年甲子 三月廣陵度支陳敏擊斬石冰徐州平晉書惠帝紀

二年乙丑 秋七月東海王越嚴兵徐方將西迎大駕晉書惠帝紀

懷帝

永嘉元年丁卯 二月東萊人王彌起兵反寇青徐二州晉書懷帝紀

二年戊辰 三月王彌寇青徐兗豫四州晉書懷帝紀按十六國春秋前趙錄作夏四月

四年庚午	五年辛未	元帝太興元年戊寅	二年己卯
		七月彭城蝗蟲害禾豆晉書五行志 八月徐州蝗食生草盡至于二年晉書五行志	五月徐州蝗晉書元帝紀
春正月劉淵遣兵分寇徐冀兗豫諸郡十六國春秋前趙錄	四月賊王桑冷道陷徐州刺史裴盾遇害晉書懷帝紀	是歲彭城內史周撫殺沛國內史周默以彭城叛石勒遣騎援之詔下邳內史劉遐領彭城內史與徐州刺史蔡豹泰山太守徐龕共討之晉書元帝紀劉遐傳	二月劉遐徐龕擊周撫於寒山斬撫通鑑晉書蔡豹傳 徐龕叛降石勒秋八月以羊鑒爲征虜將軍督徐州刺史蔡豹臨淮太守劉遐鮮卑段文鴦等討之

三年庚辰

五月徐州蝗宋書五行志

通鑑

永昌元年壬午

徐兗間諸塢多降于後趙後趙置守宰以撫之通鑑

明帝

太寧元年癸未

三月後趙寇彭城下邳徐州刺史卞敦與征北將軍王邃退保盱眙通鑑

二年甲申

正月後趙將石季龍寇兗州刺史劉遐自彭城退保泗口晉書明帝紀

三年乙酉

於是司豫徐兗之地率皆入於後趙以淮爲境通鑑

成帝

十二月蘭陵人朱縱斬石季龍

咸和九年甲午			將郭祥以彭城來降晉書成帝紀案十六國春秋後趙錄郭祥時爲石虎徐州刺史朱縱爲徐州從事後趙遣將軍王朗擊之縱奔淮南十六國春秋後趙錄
穆帝 永和五年己酉			征北大將軍褚裒上表請伐趙秋七月裒進次彭城部將王龕等敗沒于趙八月退屯廣陵通鑑
九年癸丑			二月冉閔將軍榮胡以彭城叛降于慕容儁十六國春秋前燕錄案[illegible]容儁載記事繫八年下後[illegible]退彭城北此係七年中[illegible]何時復歸晉兩書均無考
升平三年己未			冬十月西中郎將謝萬北中郎將郗曇將兵擊慕容恪于東阿曇以疾病退還彭城萬亦引還

	衆遂潰十六國春秋前燕錄
哀帝興寧二年甲子	夏四月燕人攻晉兵于懸瓠陳郡太守朱輔退保彭城通鑑
孝武帝寧康二年甲戌	八月秦人寇彭城晉書天文志
太元三年戊寅	夏秦遣別將寇彭城八月秦兗州刺史彭超復攻沛郡太守戴遂於彭城十六國春秋前秦錄
四年己卯	兗州刺史謝玄帥衆萬餘救彭城秦將彭超圍彭城置輜重于留城玄揚聲遣何謙向留城超聞之釋彭城圍守將戴遂隨謙奔玄超遂據彭城留兗州治中徐褒守之通鑑秦以毛當爲徐州

八年癸未		刺史鎮彭城十六國春秋前秦錄 八月苻堅發長安衆號百萬幽冀之兵至於彭城十六國春秋前秦錄
九年甲申	是歲謝玄率衆屯彭城用督護聞人奭謀堰呂梁水樹柵立七埭爲派擁二岸之流以利漕運晉書謝玄傳	秋以謝玄爲前鋒都督帥豫州刺史桓石虔伐秦玄至下邳秦徐州刺史趙遷棄彭城走玄進據彭城通鑑
十年乙酉		謝安出鎮廣陵使子琰進次彭城頗有軍役晉書五行志
十二年丁亥		正月慕容垂寇河東濟北太守溫詳奔彭城晉書孝武帝紀
十四年己丑		正月彭城妖賊劉黎僭稱皇帝於皇丘龍驤將軍劉牢之討平

	之晉書孝武帝紀　彭城妖賊司馬徽聚黨馬頭山劉牢之遣參軍竺朗之討滅之晉書劉牢之傳
十九年甲午	秋七月徐州大水傷秋稼晉書孝武帝紀　秋七月遣使賑卹徐州晉書孝武帝紀
二十年乙未	六月徐州大水晉書孝武帝紀
元興元年壬寅	十二月曲赦彭城大逆以下晉書安帝紀
義熙元年乙巳　魏道武帝天賜二年	魏拓拔開遣其豫州刺史索度真大將軍斛斯蘭寇徐州圍寧朔將軍羊穆之於彭城建威將軍劉道憐率眾救之軍次淩柵

年			
			斬叛將孫全進至彭城眞闐退走宋書長沙王道憐傳
二年丙午			二月慕容超侵略徐兗晉書天文志同治府志是年有三月遣慕容昱等攻徐州注晉書慕容超載記案此因慕容法與徐州刺史段宏謀反故遣昱攻之乃治莒城之徐州同治府志誤以爲治彭城之徐州與沿革表同故並刪之
三年丁未			義正月慕容超寇淮北徐州十六國春秋南燕錄
十二年丙辰			劉裕奉瑯邪王北伐九月次于彭城宋書高祖紀
十三年丁巳			正月裕以舟師進討留彭城公義隆鎮彭城軍次留城宋書高祖紀
十四年戊午		館遣黃門侍郎謝靈運	正月裕平姚泓班師至彭城解

元熙元年己未

奉使慰勞劉裕於彭城殷息甲宋書高祖紀

晉書謝靈運傳

正月劉裕進爵爲宋王建宗廟於彭城依魏晉故事立一廟宋書禮志

詔復彭城同豐沛宋書高祖紀

宋高祖永初元年庚申

三年壬戌

徐州刺史王仲德將兵屯湖陸宋書索虜傳

少帝景平元年癸亥魏明元帝泰常八年

魏兵破高平郡兗州刺史鄭順之戍湖陸不敢出三月冠軍將軍申宣戍彭城攔魏兵至彭郭外居民并諸營壘恐入小城宋書

	文帝 元嘉元年甲子	三年丙寅	七年庚午 魏太武帝神䴥三年	十二年乙亥
	吳郡太守江夷徙富陽賊黨數百家於彭城諸處宋書諸叔度傳	遣撫軍參軍王歆之使徐州周行郡邑觀察吏治訪求民隱旌舉操行存問所疾宋書裴松之傳		六月以徐豫等州郡米
宋虜傳紀 夏四月檀道濟北征宋書少帝紀軍於彭城通鑑			三月到彥之北伐宋書文帝紀長沙王義欣出鎮彭城爲衆軍聲援十一月彥之引兵自歷城焚舟棄甲步趨彭城通鑑	

數百萬斛賜丹陽淮南吳興義興京邑五郡遭水民宋書文帝紀

十七年庚辰

八月徐州大水遣使檢行賑卹徐州宋書文帝紀

宋書文帝紀

十一月詔青徐諸州比年所寬租穀應督入者悉除半今半有不收者都原之宋書文帝紀

二十一年甲申

秋七月詔彭城下邳麥種貸給南徐兗豫及揚州浙江西屬郡又符徐豫二郡修立舊陂并課墾闢宋書文帝紀

二十二年乙酉

魏使永昌王仁高涼王那分將

二十七年庚寅 魏太平真君十一年

悉發青徐等六州三五民丁緣淮下邳等三郡集盱眙通鑑

二十八年辛卯 魏正平元年

十一月曲赦徐豫等六州是冬使沈慶之徙彭

六州驍騎二萬爲二道掠淮泗以北徙青徐之民以實河北通鑑秋七月遣寧朔將軍王玄謨北伐太尉江夏王義恭出次彭城總統諸軍宋書文帝紀蕭思話領精甲三千助鎮彭城宋書蕭思話傳十一月魏主至彭城立氈屋於戲馬臺以望城中使尚書李孝伯至南門武陵王駿命張暢開門出見之魏主攻彭城不克十二月丙辰朔引兵南下上使輔國將軍臧質將萬人救彭城通鑑

二月魏師自瓜步退走過彭城驅南口萬餘夕宿安王陂江夏

年		城流民數千家於瓜步王義恭遣鎮軍司馬檀和之追之魏人盡殺所掳而去魏凡破徐兖等六州所過郡縣赤地無餘春燕歸巢于林木 通鑑 宋書文帝紀 沈慶之傳
三十年癸巳	徐州饑 宋書文帝紀	二月遣巡部賑䘏徐州 宋書文帝紀 三月徐兖刺史蕭思話自歷城引部曲還彭城起兵以應尋陽 宋書蕭思話傳
孝武帝孝建元年甲午		正月兖州刺史徐遺寶舉兵應南郡王義宣向彭城三月遺寶遣兵襲徐州長史明胤於彭城不克 通鑑
三年丙申		五月制徐兖等七州統內有馬一匹者蠲復一丁 宋書孝武帝紀

年	事	事
大明元年丁酉 魏文成帝太安三年		二月魏人寇兗州詔遣太子左衛率薛安都將騎兵東陽太守沈法系將水軍向彭城以禦之並受徐州刺史申坦節度通鑑
六年壬寅	七月地震彭城城女牆四百八十丈墜落瓦室傾倒宋書五行志	
廢帝 永光元年乙巳	冬十月曲赦徐州宋書前廢帝紀	徐州刺史義陽王昶聚兵反移檄統內諸郡皆不受命昶奔魏通鑑
明帝 泰始二年丙午 魏獻文帝		徐州刺史薛安都舉兵應晉安王子勛上使冗從僕射垣榮祖還徐州說安都安都不從留榮

天安元年

裨使爲將通鑑青州刺史沈文秀遣將劉彌之等三軍南出下邳冀州刺史崔道固遣將傅靈越領衆自太山道向彭城並應安都宋書薛安都傳九月安都遣使請降宋主命鎭軍將軍張永中領軍沈攸之將甲士五萬迎安都安都懼又乞降於魏魏使尉元孔伯恭帥騎一萬出東道救安都張永沈攸之進兵逼彭城軍于下礚分遣羽林監王穆之守輜重于武原謝善居領卒二千據呂梁張引領卒二千守茱萸尉元既至使李璨與安都守彭城

三年丁未 魏皇興元年

四年戊申 皇興二年

六年庚戌 皇興四年

七年辛亥

魏使王焜巡察青徐等

分兵擊呂梁善居與張引東走武原元復攻破穆之外營穆之等率餘衆奔永軍 通鑑魏書尉元傳

正月張永沈攸之夜遁天大雪泗水冰合永等棄船步走士卒凍死大半尉元邀其前安都乘其後大破永等於呂梁之東由是遂失淮北四州及豫州淮西之地 通鑑

二月徐州羣盜司馬休符自稱晉王將軍尉元討平之 魏書獻文帝紀

秋八月魏羣盜入彭城殺鎮將元解愁長史勒兵滅之 魏書獻文帝紀

魏孝文帝延興元年

州撫慰新附觀省風俗 魏書王獻傳

蒼梧王元徽四年 魏承明元年

四月徐州大風 魏書靈徵志

順帝昇明二年 戊午 魏太和二年

夏四月徐州大風 魏書靈徵志

齊高帝建元二年 庚申 魏太和四年

齊角城戍主舉城降魏八月魏遣徐州刺史梁郡王嘉迎之 通鑑

十月魏徐州民桓摽之等叛聚眾保五固尉元與鎮將薛虎子討平之 通鑑

三年辛酉 太和五年

魏徐州刺史薛虎子請於彭城積穀以兵絹市牛興置屯田魏主從之 魏書薛虎子傳

四年壬戌 太和六年

八月魏徐州蝗 青徐是月大水 魏書靈徵志

武帝

永明十一年癸酉 太和十七年

六月魏主詔免徐州軍糧 魏書孝文帝紀

明帝

建武二年乙亥 太和十九年

四月魏主車駕幸彭城 丁未曲赦徐州其運漕之士復租賦三年 魏書孝文

年	帝紀
廢 永元元年己卯太和二十三年	帝 六月魏徐州大水魏書靈徵志
和 中興元年辛巳魏宣武帝景明元年	帝 五月魏徐州蚄害稼是月暴風大雨雹起自汾州至徐州而止廣十里所過草木無遺魏書靈徵志
梁 武	帝 三月魏徐州大雨雹魏書靈徵志

天監四年乙酉 魏正始二年			
五年丙戌 魏正始三年			五月梁太子右衛率張惠紹等侵徐州六月張惠紹與徐州刺史宋黑趨彭城圍高冢戌魏武衛將軍奚康生將兵救之惠紹不利黑戰死 通鑑
十年辛卯 魏永平四年	魏書世宗本紀 二月徐州饑甚遣使賑卹徐州 魏書世宗本紀		
十一年壬辰 魏延昌元年即永平	八月徐州虸蚄害稼三分食二 魏書靈徵志		

年		
五年		
十五年丙申 魏孝明帝熙平元年	六月魏徐州大水魏書靈徵志	
普通三年壬寅 魏正光三年	六月庚辰徐州地震魏書靈徵志	
六年乙巳 魏孝昌元年		正月魏徐州刺史元法僧據城反害行臺高諒自稱宋王遣其子景仲歸梁梁遣將胡龍牙成景儁元略等率衆赴彭城魏詔安樂王鑒率師討之鑒於彭城擊元略大破之既而爲法僧所敗梁遣將軍陳慶之率兵送豫

大通元年丁未 孝昌三年

章王綜入守彭城梁通鑑在三月魏臨淮王彧偕行臺李憲爲都督安豐王延明爲東道行臺俱討徐州魏書孝明帝紀梁書陳慶之傳梁部法僧及元略還建康法僧驅彭城萬餘人南渡通鑑梁將軍王希聃拔魏南陽平通鑑六月梁豫章王綜奔於魏魏復據彭城梁書武帝紀

正月魏徐州民任道榛聚衆反襲據薛城州軍討平之魏書孝明帝紀二月梁將軍成景儁攻魏彭城魏以崔孝芬爲徐州行臺以禦之景儁欲堰泗水以灌彭城孝芬與都督李叔仁等擊之景儁

		遁還通鑑
二年戊申孝昌四年		八月梁將軍王弁侵魏徐州番郡民續靈珍擁衆萬人攻番郡以應梁魏徐州刺史楊昱擊靈珍斬之弁引還通鑑
中大通二年庚戌魏莊帝孝安永三年		冬十月魏徐州刺史爾朱仲遠反率衆向京師魏書孝莊帝紀
五年癸丑魏出帝永熙二年	魏徐州刺史高乾邕坐事賜死魏書出帝紀	
大同元年乙卯東魏孝靜		五月梁仁州刺史黃道始寇魏北濟陰徐州刺史任祥討破之

帝天平二年	六年庚申 東魏興和二年	十年甲子 東魏武定二年	太清元年丁卯 武定五年
魏書蕭衍傳	十二月梁師敗績于彭城 魏書天象志	二月魏徐州人劉烏黑聚眾反遣行臺慕容紹宗討破之 魏書孝靜帝紀	八月梁武州刺史蕭弄璋攻東魏礓泉邑梁二戍拔之 通鑑 九月梁遣貞陽侯淵明率眾攻徐州堰泗水于寒山灌彭城以應侯景 魏書孝靜帝紀案此紀所載年月與梁書羊侃傳通鑑同惟梁武帝紀作大通二年侃與羊侃傳侃大通三年始歸梁不

陳宣帝
太建五年癸巳

台又不應梁堰敵人城下兩一無戰事同治府志于前大通二年下載梁冠軍羊侃監築寒山堰在不取
東魏徐州刺史王則嬰城固守冬十一月東魏遣東南道行臺慕容紹宗討淵明紹宗率衆十萬據橐駝峴梁侍中羊侃屯寒山堰上丙午紹宗至城下攻潼州刺史郭鳳營兖州刺史胡貴孫帥麾下與東魏戰斬首二百級紹宗陽退誘梁兵深入大敗之虜淵明等郭鳳退保潼州通鑑

三月壬午陳主分命衆軍北伐五月齊開府儀同三司尉破胡長孫洪略等與陳將吳明徹戰

北齊後主武平四年			於呂梁南大敗破胡走免洪略戰沒陳書宣帝紀北齊書後主紀
七年乙未 武平六年			閏九月陳車騎大將軍吳明徹將兵擊齊彭城王晨敗齊兵數萬于呂梁通鑑
九年丁酉 周武帝建德六年			冬十月陳司空吳明徹破周將梁士彥衆數萬于呂梁陳書宣帝紀 十一月周遣上大將軍王軌將兵救徐州通鑑
十年戊戌 周宣政元年			二月陳將吳明徹圍周彭城環列舟艦于城下周上大將軍王軌引兵輕行據淮口結長圍以鐵鎖貫車輪數百沈之清水以遏陳船歸路甲子明徹決堰乘

水勢退軍舟艦並礙車輪不得過王軌引兵圍遏之衆潰明徹爲周人所執通鑑

十一年 己亥 周大象元年

周殺其徐州總管王軌 二月周命靑徐等七總管並受東京處分周書宣帝紀

隋煬帝 大業九年癸酉 十年甲戌

詔遣東萊留守陳稜於江南營戰艦至彭城隋書陳稜傳

十一年 乙亥

四月彭城賊張大虎聚衆數萬保懸薄山爲盜遣榆林太守董純擊破斬之隋書煬帝紀

十月彭城人魏麒麟聚衆萬餘

恭帝 義寧二年戊寅 是年按唐高祖即改元武德			爲盜寇鄱郡（隋書煬帝紀）宇文化及立秦王浩爲帝擁兵至彭城（隋書元文都傳）水路不通奪人車牛得二千兩以行令裴虔通鎮徐州（隋書宇文化及傳裴虔通傳）
唐高祖 武德元年戊寅			宇文化及敗裴虔通以徐州歸唐（隋書裴虔通傳）
四年辛巳			王世辯竊徐州行臺遣將郭士衡以兵從竇建德（唐書竇建德傳）五月王世辯以徐州降唐（唐書任瓌傳通鑑）
六年癸未			徐圓朗阻兵徐兖太宗迴師討平之（舊唐書太宗紀案新唐書高祖紀二月總管李世勣

			敗徐圓朗執之
太宗 貞觀三年己丑	五月徐州蝗秋徐州水新唐書五行志		
十三年己亥		十二月詔徐州等州並置常平倉舊唐書太宗紀	
十六年壬寅	夏徐州疫秋徐州大水新唐書五行志		
十八年甲辰	秋徐州大水新唐書五行志		
二十二年戊申	夏徐州水新唐書五行志		
高宗 咸亨二年辛未	八月徐州山水漂百餘家新唐書五行志		

武后

萬歲通天元年丙申

八月徐州大水害稼新唐書五行志

神功元年丁酉

移奚契丹部李元闕部落于徐宋州安置舊唐書遷夷賓州民於徐州舊唐書地理志

中宗

神龍元年乙巳

使遷於徐州之夷賓州隸輵愁思嶺部落北還新唐書地理志

玄宗

開元十三年乙丑

十一月賜徐州等六州父老帛新唐書玄宗紀

二十八年庚辰

冬十月以徐泗二州無

蠲免今歲稅　新唐書玄宗紀

號王巨爲河南節度使屯彭城餓而東走臨淮　新唐書張巡傳

肅宗　至德元載丙申　二載丁酉

秋八月靈昌郡太守許叔冀奔於彭城　新唐書肅宗紀

代宗　大曆九年甲寅

二月徐州兵亂逐其刺史梁乘　新唐書代宗紀

德宗　建中二年辛酉

冬十月徐州刺史李洧叛其帥李納以州來降　新唐書德宗紀　新唐書前此八月平盧節度使李正己卒其子納自稱留後以叛　十一月李納寇徐州宣武軍節度使劉洽與神策將曲環等敗之於七里溝　新唐書德宗紀曲環傳

三年壬戌

李納反叛淮南節度觀察使陳

貞元八年壬申

徐州平地水深丈餘害稼溺死人漂沒廬舍 新唐書五行志

少遊以師收徐海等州尋棄之退軍盱眙 舊唐書陳少遊傳

十五年己卯

九月發徐泗軍討吳少誠 新唐書德宗紀

十六年庚辰

徐州節度使張建封疾甚詔韋夏卿爲徐泗行軍司馬且代之未至而建封卒 新唐書韋夏卿傳 五月徐州軍亂不納韋夏卿迫建封子愔爲留後 舊唐書德宗紀

憲宗 夏徐州大水 新唐

元和元年丙戌 舊五行志		
十年乙未		李師道數侵徐節度使李愿遣王智興率步騎拒賊 新唐書王智興傳案沈亞之旌故平盧軍節士文云師道兵萬餘東寇彭城
十一年丙申		四月以徐宿饑賑粟八萬石 舊唐書憲宗紀
穆宗 長慶元年辛丑		靈武節度使李聽奏請於武寧等道防秋兵中取三千人衣賜月糧賜當道自召募一千五百人馬驍勇者以備邊仍令五十人爲一社每一馬死社人共補之馬永無闕 舊唐書穆宗紀
		十一月徐州崔羣奏遣節度副使王智興率師赴討朱克融行營 舊唐書穆宗紀

二年壬寅		三月武寧軍節度副使王智興逐其節度使崔羣新唐書穆宗紀
敬宗寶曆元年乙巳		秋九月徐州王智興奏大將武華等四人謀亂並伏誅舊唐書敬宗紀
文宗太和元年丁未		徐州王智興請全軍討李同捷舊唐書文宗紀
三年己酉	四月徐州大水害稼新唐書五行志	夏四月王智興奏部下將石雄搖扇軍情請行朝典乃長流白州舊唐書文宗紀智興在徐州召募兇豪之卒二千人號曰銀刀雕旗門槍挾馬等軍番宿衙城自後寖驕舊唐書懿宗紀
六年壬子	六月徐州大雨壞民舍九百餘	

九年乙卯	家新唐書五行志	十一月殺武寧軍監軍使王守涓新唐書文宗紀
開成二年丁巳	六月徐州火延燒民居三百餘家新唐書五行志	
宣宗大中十二年戊寅	徐泗等州水深五丈漂沒數萬家新唐書五行志	
懿宗咸通三年壬午		十一月免徐州秋稅新唐書懿宗紀武寧軍改為徐州團練使隸兗海節度留將士三千人守徐州餘皆分隸兗宿通鑑 七月武寧軍亂逐其節度使溫璋新唐書懿宗紀攷王式傳武寧軍即銀刀軍也以浙東觀察使王式為武寧節度使式率忠武義成之師三千至大彭館居三日命環驕卒殺之徐卒

三千餘人是日盡誅由是兇徒悉殄舊唐書懿宗紀

四年癸未

七月徐州大水傷稼新唐書五行志

七月勅徐州銀刀官健其中先有逃竄者累降敕旨不令捕逐其今年四月十八日草賊頭首已抵極法其餘徒黨各自奔逃所在更勿捕逐舊唐書懿宗紀

四月羣盜入徐州殺官吏刺史曹慶討平之通鑑

五年甲申

五月勅徐泗團練使揀選招募官健三千人赴邕管防戍待平即與替代每召滿五百人即差軍將押送其糧料賞

		給所司準例處分舊唐書懿宗紀	
九年戊子			秋七月徐州赴桂林戍卒五百人官健許佶趙可立殺其將王仲甫以糧料判官龐勛爲都頭有衆千人擅還本鎮九月龐勛陷宿州知州判官焦璐奔歸于徐新唐書懿宗紀十月勛攻徐州傅城觀察使崔彥曾誅賊家屬勛衆四面超墉入囚彥曾大彭館新唐書崔彥曾傳
十年己丑		十月免徐州等四州三歲稅役新唐書懿宗紀	八月康承訓攻宿州焚外寨勛將張儒等入保羅城九月其下張玄稔殺許佶斬張儒等數十人

出降復許爲城陷引兵趨符離符離納之北趨徐州時龐勛引兵而西勛將龐舉直許佶守徐州聞之嬰城拒守玄稔至彭城引兵圍之舉直彦曾故吏路審中開門納官軍賊黨自北門出玄稔遣兵追之斬舉直佶首餘黨多赴水死悉捕戍桂州者親族斬之徐州遂平通鑑

十一年庚寅

徐賊餘黨猶相聚閭里爲羣盜詔徐州觀察使夏侯瞳招諭之通鑑

僖宗乾符元年甲午

十二月感化軍奏羣盜寇掠州縣不能禁勑兖鄆等道出兵討

之通鑑

三年丙申			四月賜感化等節度使詔選精兵數百人於巡內遊奕防衛綱船五日一具上供錢米平安狀聞奏通鑑
四年丁酉			正月發感化等道兵受江南諸道招討使宋皓節度討王郢通鑑
中和元年辛丑			八月感化軍將時溥逐其節度使支詳自稱留後新唐書僖宗紀
四年甲辰			徐州將李師悅陳景思率兵萬人追黃巢於兗州舊唐書僖宗紀 七月賊將林言斬黃巢黃揆黃秉三人首級降時溥舊唐書僖宗紀

光啟元年乙巳		時溥據徐州舊唐書僖宗紀
三年丁未		都指揮使朱珍率王檀等敗徐兵於孫師陂獲其將孫用和束翊以獻舊五代史王檀傳
文德元年戊申		五月朱全忠遣朱珍將兵數千與時溥戰於吳康李唐賓助之珍遂大勝王檀獲賊將何肱張歸厚輩於蕭豐之間冬以偏師邇進九里山遇徐兵而戰梁故將陳璠叛在徐歸厚忽見之單馬直往期於必取矢中左目退溥擒散騎入彭門閉壁堅守命龐師古屯兵守之舊五代史梁太祖紀王檀張歸厚舊從周李唐賓列傳

昭宗 龍紀元年己酉			正月龐師古攻下邳還進軍呂梁時溥領軍二萬屢拒師古之軍而陣師古促戰敗之斬首二千餘級溥復入彭門舊五代史梁太祖紀七月朱全忠攻徐州冬大雨不能屯軍而旋五代史梁太祖紀
大順二年辛亥			十一月徐將劉知俊率衆二千降於朱全忠自是徐軍不振舊五代史梁太祖紀
景福元年壬子			十一月朱友裕攻徐州舊五代史梁太祖紀
二年癸丑			二月時溥求救于朱瑾全忠遣其將霍存軍曹州以備之瑾領兗鄆之衆爲徐外援陣於彭門

乾寧四年丁巳

南石佛山下存引兵赴之與朱友裕葛從周大破徐兗兵於石佛山瑾領殘黨宵遁徐兵復出存戰死舊五代史朱友裕葛從周傳通鑑龐師古攻石佛山寨拔之四月拔彭城時溥舉族登燕子樓自焚死通鑑梟時溥首以獻舊五代史梁太祖紀朱全忠如徐州以龐師古爲留後守徐州舊唐書昭宗紀五代史梁太祖紀

冬十月朱全忠遣其將徐州兵馬留後龐師古等率兗徐等兵士七萬渡淮討楊行密十一月淮南大將朱瑾濟出舟師與汴軍於淸口龐師古舉軍皆沒師

古被執由是行密據有江淮之閒舊唐書昭宗紀

光化二年己未

正月淮南楊行密與朱瑾將兵數萬攻徐州軍于呂梁朱全忠自將救徐州行密聞之引兵去通鑑

五代

梁末帝

乾化三年癸酉

五月天雄軍節度使楊師厚及劉守奇率徐兗等八州之眾討鎭州舊五代史末帝紀

四年甲戌

九月徐州節度使蔣殷反時以福王友璋鎭徐方殷不受代郎以友璋及牛存節劉鄩等進軍攻討舊五代史末帝紀後五代史記繫誤補謂其屬此事子四月丁丑被誅

貞明元年乙亥

正月牛存節劉鄩拔徐州府殷瓌族自焚死詔福王友璋赴鎮徐州舊五代史末帝紀

龍德元年辛巳

二月轉運使敬翔奏請於徐州等三處置場院税茶從之舊五代史末帝紀

後唐莊宗同光三年乙酉

十一月徐州上言十月二十五日夜地大震舊五代史莊宗紀

明宗長興三年壬辰

六月徐州等州大水舊五代史明宗紀

晉高祖天福二年丁酉

四月徐州上[illegible]舊五代史高祖紀

七年壬寅	八月徐州蝗舊五代史高祖紀		
漢隱帝乾祐二年己酉			二月徐州巡檢成德欽奏至峒峿鎮遇淮賊破之舊五代史隱帝紀
三年庚戌		三月徐州部送所獲淮南都將李暉等三十三人徇於市給衫帽放還本土十一月遣前太師馮道等往徐奉迎湘陰公劉贇舊五代史隱帝紀	
周太祖廣順元年辛亥			正月湘陰公元從右都押衙鞏廷美教練使楊溫等據徐州拒命帝遣新授節度使王彥超率兵馳赴之仍賜廷美等敕書戊

二年壬子

貨糴陰公班己卯詔彥超率兵攻徐州三月克之舊五代史太祖紀

正月徐州巡檢供給官張令彬奏破淮賊于沭陽斬首千餘級擒賊將燕敬權舊五代史太祖紀

世宗顯德三年丙辰　南唐元宗保大十四年

二月南唐遣泗州牙將王承朗奉書至徐州求成於周不報南唐書元宗本傳

五年戊午

五月徐宿等州所欠去年秋夏稅物並與除放舊五代史世宗紀

六年己未

二月發徐宿等州丁夫

		數萬濬汴河舊五代史世宗紀
宋太祖建隆二年辛酉		五月以安邑解兩池鹽給徐宿等四州宋史太祖紀
四年癸亥	九月徐州水損田宋史五行志按康熙州志作二作	
開寶三年庚午	徐州水災害民田宋史五行志	
太宗太平興國五年庚辰	五月徐州白溝河溢入州城宋史五行志毀民舍隄塘皆壞康熙州志	二月斬徐州妖賊李緒等七人宋史太宗紀
八年癸未	八月徐州清河	

漲丈七尺溢出鄆州三面門以禦之宋史五行志

淳化二年辛卯　冬十二月徐州淮揚等三十二州軍旱宋史太宗紀

三年壬辰　七月彭城軍蝗蛾抱草自死宋史五行志

四年癸巳　秋徐州霖雨秋稼多敗宋史五行志按康熙州志作三年

真宗大中祥符二年宋史五行志　七月徐州大水七月鄆京東徐州等七州水災田租宋史真宗紀

己酉		
四年辛亥	八月徐州草場火宋史五行志	
七年甲寅	徐州大水宋史五行志	
天禧三年己未	五月徐州利國監大風起西南壞廬舍二百餘區壓死十二人宋史五行志卷舊州縣志皆載天禧元年九月彭城大風遺害民田舍因五行志纇戎軍之彭城皆而誤附正于此	六月以河決遣使救濟徐寧州民被溺者卹其家宋史真宗紀
乾興元年壬戌		二月詔徐州賑貧民宋史

	仁宗 天聖初	皇祐三年辛卯	神宗 熙寧六年癸丑	哲宗 紹聖元年甲戌	宣和四年壬寅 金太祖天輔六年	高宗 建炎三年己酉
	徐州仍歲水災 宋史五行志					
眞宗紀		正月詔徐泗等州軍采磐石 宋史食貨志	夏四月定齊徐等州保甲 宋史神宗紀	閏四月詔添差徐州兵馬都監 宋史哲宗紀		
					金充徐滕邳軍馬都統王伯龍進攻徐州敗高托山之衆十餘萬於清河 金史本紀	正月金粘罕陷徐州守臣王復及子倚死之軍校趙立結鄉兵

金太宗天會七年	紹興三年癸丑天會十一年
爲興復計 宋史高宗紀 金黏罕以宋人運江淮金帛在徐州官庫者分給諸軍 金史宗翰傳 金人以騎兵三千取彭城間道趨淮甸 宋史高宗紀 金兵既去軍民請舉人陳某權知州事 續通鑑 三月趙立復徐州 宋史高宗紀	九月僞齊王彥先寇徐州 宋史高宗紀 案此則紹興三年徐州尚爲宋有然此後見史冊皆爲金有而不詳所始攷續通鑑紹興二年十月朱勝非上總營淮北五事二請宜分三軍野言取徐邳而賣取淮揚據此則二年徐州己爲劉豫所陷疑三年九月王彥先寇徐州州遂附十月勝非卽上此疏續通鑑誤以爲二年事敗又攻金史高彪傳齊國既廢撫諭徐宿曹單滕陽下授爲武寧軍節度使錄熙宗紀事在

七年丁巳天會十五年			天會十五年置徐州初陷於齊至金廢偽齊而始爲所有也金烏孫訛論以五十騎敗楊家賊五百於徐州東金史本傳
寧宗 嘉泰四年甲子金章宗泰和四年		山東西路轉運使張行信言徐邳地下宜麥稅粟許納麥以便民從之金史本傳	
嘉定七年甲戌金宣宗貞祐二年		時金山東河北諸郡失守惟徐邳等數城僅存命僕散安貞等爲諸路宣撫使安集遺黎金史宣宗紀	
八年乙亥		秋八月庚子金遣山東	

貞祐三年	九年丙子 貞祐四年	十年丁丑
西路總管府於歸德及徐邳二州特遷三官升正五品職甲辰置行樞密院於徐州冬十月癸巳樞密副使僕散安貞行樞密院於徐州行至徐北岸北兵已偪徐不可往詔權於沿河任使之 金史宣宗紀		
	四月僕散擊遹完顏霆討劉二祖餘黨自清河至徐州破斬霍儀招降偽元帥石珪等餘衆皆潰 續通鑑	紅襖賊剽掠徐單之間提控高

金興定元年			琬等分兵擊之俘生口二千金史完顏仲元傳
十一年戊寅興定二年		二月金主諭樞密曰中京商販諸州軍人願畊屯田比括地授之閒瘠單獨不願受意謂予田必絕其廩給也朕肯爾邪其以朕意曉之金史宣宗紀	夏四月金紅襖賊犯徐邳行樞密院兵大破之十二月金紅襖徐賊攻彭城之胡村寨徐州兵討破之金史宣宗紀
十二年己卯興定三年			十一月金徐州總領納合六哥大破紅襖賊于狄山金史宣宗紀
十四年辛巳興定五年		秋七月金詔增給徐州溝口等處戍兵衣糧十一月金詔蠲除徐州等	

	十五年壬午、金元光元年	十六年癸未金元光二年	理宗紹定五年壬辰金哀宗天興元年是年本正大九年正月
道租官民有能墾開田除來年科徵金史宣宗紀		十二月金詔徐邳等州復業及新地民免差稅三年見戶一年金史宣宗紀	
	秋七月金紅襖賊襲徐州之十八里砦又襲古城桃園官軍破之金史宣宗紀		正月金完顏慶山奴自徐引兵入援徙單益都行省事於徐州時徐邳義勝軍總領侯進杜政張興率本軍降蒙古北兵守徐張益渡益都令移剌長壽迎戰北兵掩之皆覆益都懼籍州人

改元開興四月又改元天興

及運糧埽兵得萬人守禦北兵燒南關而去侯進復以千人來襲二月庚申北兵坎南城而上守者皆散走益都率州兵三百由黃樓而南力戰禦敵卻之出殺被俘老幼五千還徐侯進杜政張興復來歸益都撫納之青州人王祐封仙等燒草場作亂挾興與同行益都縋城走興推祐爲元帥已而殺祐因大掠城中王戎國用安以行山東路尙書事率兵至徐襲斬張興以封先爲元帥兼理節度使主徐州金史徒單益都傳用安還邳州金史本傳七

六年癸巳　天興二年

正月遣右宣徽提點近侍局事移剌粘古如徐州相地形築倉庫虛實　金史哀宗紀

月用安降金封兗王十二月用安麾兵至徐州元帥王德全閉城不納用安攻徐州不下退保漣水　金史哀宗紀

正月金主令河北潰軍就糧於徐宿豫三州　金史蒲察官奴傳　三月元阿朮會攻蕭縣游騎至徐徐帥遣張元哥茵秀昌救蕭未及戰元哥退走蒙古兵掩之皆爲所擒殺　金史完顏仲德傳　夏四月金徐州行省完顏忽斜虎執王德全幷其子誅之及其黨王琳楊琟斜卯延壽　金史哀宗紀　七月金徐州行省完顏賽不以州糧乏遣郎中

	端平元年甲午天興三年	嘉熙二年戊戌
王萬慶會徐宿靈壁兵取源州令元帥郭恩統之至源州城下敗績而還再命卓翼攻豐縣破之郭恩與河北叛將郭野驢皆誅歸國用安見徐州空虛約源州叛將麻琮（按元遺山參議張君神道碑云沛人鹿琮）內外相應十月襲破徐州行省完顏賽不死之（金史完顏賽不傳）	正月元兵圍沛國用安往救之敗走徐州（金史本傳）元將張榮（字世煇）就攻徐州國用安引兵突出榮逆擊之破其城用安赴水死（元史張榮傳）	元徐州守將張名以城降宋導

蒙古太宗十年

宋兵攻邳州元將匡才擊走之

復取徐州（康熙州志 睢寧志稿）

景定三年壬戌元世祖中統三年

四月蒙古主詔安輯徐邳民禁征戍軍士及勢官毋縱畜牧傷其禾稼桑棗（元史太祖紀）六月蒙古主敕武寧軍歲輸所產鐵（元史世祖紀）

夏四月宋華路分湯太尉攻徐邳二州（元史世祖紀）五月宋將夏貴攻徐州徐州總管李杲哥出降蒙古主命郭侃馳至徐斬杲哥夏貴焚廬舍徙軍民南去（元史世祖紀 郭侃傳）

度宗咸淳元年乙丑元至元二年

是歲徐州蝗旱正月蒙古主詔於徐州（元史世祖紀案元史五行志載是年十二月徐邳等州蝗蝗豈有十二月之理而五行志至屢書不一齊放諸帝紀載皆歲終彙紀而志竟覆以十二月冠之）等處凡荒閑地土令阿朮阿剌罕等所領士卒立屯耕種（元史兵志）九月蒙古主敕江淮沿邊樹柵徐宿邳三州助役徒（元史

舊志不察其誤世祖紀志並采茲刪紀志改

八年壬申至元九年　夏五月元主發徐邳二州丁壯萬人戍邳州元史世祖紀

元

世祖

至元二十五年戊子　三月徐邳等屯田雨雹如雞卵害麥元史世祖紀

成宗

大德元年丁酉　六月徐州蝗元史五行志　三月以河水溢免徐邳等縣田租元史成宗紀

二年戊戌　十一月罷徐邳爐冶所進息錢元史成宗紀

四年庚子　五月徐州旱蝗

	元史成宗紀	
六年壬寅	五月徐州雨五十日沂武二河合流水大溢元史五行志	
武宗		
至大元年戊申	徐饑元史五行志	
二年己酉	徐州饑元史五行志	十一月以徐州連年大水百姓流離悉免今歲差稅元史武宗紀
三年庚戌		冬十月以御史臺沒入贓鈔四千餘錠賑徐邳等處元史武宗紀
四年辛亥		夏六月徐州水給鈔賑

之元史仁宗紀

仁宗六月徐邳二州夏四月徐邳諸州飢民

皇慶二年癸丑大水元史仁宗紀賑以鈔糧元史仁宗紀

延祐二年乙卯徐州水元史食貨志

三年丙辰免徐州民戶稅糧元史食貨志

泰定帝三月徐州饑元史

泰定二年乙丑五行志

文宗徐州大水元史文宗四月賑徐邳諸州以鈔

天曆二年己巳紀四月徐州饑糧元史文宗紀

元史五行志

至順元年庚午六月旌表徐州胡居仁

孝行元史文宗紀

順帝徐州大饑人相

至正五年乙酉	食元史五行志	
七年丁亥		二月河南山東盜蔓延濟寧邳徐等處十二月分撥達達軍與揚州舊軍於河南水陸關隘戍守東至徐邳北至夾馬營遏賊掩捕元史順帝紀
十年庚寅	徐州立兵馬指揮使捕上馬賊元史順帝紀	
十一年辛卯		八月蕭縣人李二號芝麻李及老彭趙君用攻陷徐州元史順帝紀
十二年壬辰	二月詔徐州內外羣聚之衆限二十日不分首從並與赦原元史順帝紀	春正月命逯魯曾爲淮東添設元帥統領兩淮所募鹽丁五千討徐州濟寧兵馬指揮使賈童統領右都衛軍從知樞密院事

月闊察兒討徐州秋七月命通政院使答兒麻失里與樞密副使秃堅不花討徐州賊給敕牒三十道以賞功元史順帝紀八月命知樞密院事咬珠平章政事搠思監也可扎魯忽赤福壽並從脫脫出師征徐州元史順帝紀九月脫脫至徐州辛卯攻西門賊出戰脫脫以鐵騎衝之大破之入其郛復以巨石為礮攻城城破芝麻李遁遂屠其城續通鑑

十三年癸巳

二月中書省臣言徐州民願建廟宇生祠右丞相脫脫從之詔仍立脫脫

	十五年乙未	十七年丁酉	二十年庚子	二十五年乙巳
脫平徐勳德碑四月詔取勘徐州等處荒山丼戶絕籍沒入官者立司牧署掌分司農司耕牛降徐州為武安州元史順帝紀徙城南數里康熙州志				
	二月劉福通等自碭山夾河迎韓林兒立為帝建都亳州自是淮徐間州縣多陷於賊康熙州志	五月平章政事亦老溫帖木兒復武安州等三十餘城元史順帝紀	春正月張士誠破徐州續通鑑	時徐州為士誠所據元史順帝紀士誠旋降徐復為元地

年			
二十六年丙午			二月徐州守將同知樞密院事陸聚以徐州詣徐達軍降以聚為江淮行省參政仍守徐州（續通鑑）四月擴廓帖木兒侵徐州徐達分兵敗之淮南北悉平傅友德同陸聚守徐（明史太祖紀徐達傳友德傳）
二十七年丁未		五月吳主復徐州等郡縣田租三年（明史太祖紀）	二月元擴廓帖木兒遣左丞李二攻徐州次陵子村傅友德以二千人泝河至呂梁登陸擊之擒李二（明紀）十一月吳都督同知張興祖出徐州進取山東（續通鑑）
明　太祖　洪武三年庚戌		三月戊戌蠲徐州邳州夏稅（湯明史稿）	

四年辛亥		是年冬戍明昇將校於徐州（明史明玉珍傳）	
五年壬子	秋七月徐州蝗（明史五行志）	蠲徐州田租（湯明史稿）	
二十一年戊辰		秋七月甲午除徐州蕭沛等四縣夏稅（湯明史稿）	
二十三年庚午			正月命齊王榑帥護衛及山東徐州諸軍從燕王棣北征（明紀）
二十四年辛未	徐州饑民食草（明史五行志）		
惠帝　建文四年壬午		七月成祖詔蠲徐州租一年（明紀）	正月棣兵薄徐州伏兵九里山又遣百餘騎于演武亭誘城中兵出腹背夾擊大破之（明紀）是年靖難兵徇徐宿等州皆下之（康熙

			州志
成祖永樂元年癸未	徐州饑明史五行志		徐州賊張晉祥倡亂巡撫御史丁璿擒斬之舊志
九年辛卯		發徐州及山東等民三十萬蠲租濬會通河明史宋禮傳	
十一年癸巳	徐州水災明典彙	發廩賑卹明典彙	
十二年甲午		春正月發徐州等處民十五萬運糧赴宣府明史成祖紀	
十三年乙未	徐州饑舊志	命進士梁洞賑卹舊志	
十九年辛丑		冬十一月發徐州等三州丁壯運糧期明年二月至宣府明史成祖紀	

仁宗	洪熙元年乙巳	三月徐州人光祿署丞權謹以孝行擢文華殿大學士夏四月詔免徐民今年夏稅及秋糧之半明史仁宗紀
宣宗	宣德元年丙午	徐州旱明史夏時傳以夏時請遣官振徐州明史夏時傳
	二年丁未	六月甲子以河溢免徐州被災者稅糧明史稿宣宗紀
	九年甲寅	二月賑徐州等四府饑明史宣宗紀
	十年乙卯	徐州大饑明史五行志
英宗		夏六月徐州大命副都御史賈諒工部

正統二年丁巳	水明史稿英宗紀	侍郎鄭辰往賑徐州明史稿英宗紀
七年壬戌	徐州五月至六月霪雨傷稼明史五行志	
十一年丙寅	徐州大水明史稿五行志	
景帝		
景泰二年辛未		徐郡大饑發廣運倉賑濟明典彙
三年壬申	八月徐州平地秋水高一丈民居盡圮明史五行志 飢疫舊志	八月賑徐州水災明史景帝紀按道光舊志云命都御史王竑賑卹民十一月盡發徐州倉粟振貸以應輸南京者補其缺免徐州水災稅糧

四年癸酉		五月徐州復大水民益飢道殣相望明紀明史景帝紀
	明紀	三月河南山東飢民就食徐州王竑盡發廣運倉米賑之明紀夏四月築沙灣決口運南京倉粟賑徐州詔天下生員納米徐州等處以賑荒者許入監讀書明史稿景帝紀五月丁巳發淮徐倉振飢民甲戌復發支運及鹽課糧振之明史景帝紀是年徐州等處災傷令有力囚犯納米賑濟續文獻通攷
五年甲戌		春徐州大雪數三月侍郎江淵賑淮北

尺明史五行志

飢民請廣徐州東城以護廣運倉議行明紀戶部徵米於蘇松常鎮四府令輸淮徐凡一百十餘萬石率三石而致一石王文用便宜停之明紀秋九月壬戌免蘇松常揚杭嘉湖七府漕糧二百十七萬石別運淮徐臨德四倉糧以補之明史稿景帝紀

英宗天順元年丁丑夏徐州大水明史五行志造南內宮殿使趙輔督運木植於徐州湯明史稿趙輔傳

七年癸未	五月徐州大雨傷二麥明史五行志		
憲宗成化元年乙酉	徐大饑舊志	以夏寅請蠲租發廩振徐州明史夏寅傳遣都御史史琛賑卹舊志	
二年丙戌	徐大饑疫舊志	命都御史林聰賑卹舊志	
四年戊子		秋七月管河主事郭昇築徐州洪兩岸石堤鑿外洪敗船惡石三百明紀	
七年辛卯	徐蕭沛碭豐諸縣水明政統宗	詔免夏稅明政統宗	
十年甲午		正月命淮徐等倉支運米悉改水次交兌官軍長運遂爲定制明紀	

十二年丙申　八月徐州大水明史五行志

十三年丁酉　徐州大水傷稼遣郎中國泰賑卹舊志

壞民居舊志

十四年戊戌　徐州大水夏麥一空憲宗實錄

十五年己亥　徐州旱明史五行志

十六年庚子　秋徐州大水舊志

孝宗弘治六年癸丑　徐州旱明史五行志

十四年辛酉　四月徐州雨雹平地五寸夏麥盡爛明史五行志

十五年壬戌　九月徐州地震

武宗			
正德五年辛未	壞城垣民舍（明史五行志）		流賊劉六等作亂攻破城邑詔以宣府總兵官白玉守徐州（傳志）
六年壬申			二月劉六等犯呂梁及房村驛焚官署民居並船艦皆成煨燼（康熙州志）流賊趙燧等攻徐州不下（道光舊志）
七年癸酉			三月副總兵姚晅敗賊于滕之呂孟社賊走徐州又追襲破之賊遁去四月都指揮楊朋擊賊於徐州莊里集敗走之（舊志）
十年丙子		冬十二月己卯免徐州被災者秋糧（明史武帝紀）	

十三年己卯
淮徐等處歲饑淮徐截漕運米數萬石（明典彙）
并益以倉儲賑濟（明典彙）

十四年庚辰
徐州大水壞官十一月帝自徐州乘船
民廬舍傷禾稼順流而下（明史稿武宗紀）
（道光舊志）

十六年壬午
鳳陽巡撫奏淮徐連歲
災傷特以淮揚鈔關銀
十五萬並發太倉銀三
萬賑之（明典彙）
以太后言徐州饋馬貢山東礦賊王友賢等劫掠抵
裁銲之令嚴為民累命徐州（明史俞諫傳）
悉除之（康熙州志）

世宗嘉靖元年癸未

二年甲申
七月徐州大水留蘇松等處銀米並發
太倉銀二十萬兩折漕（明史稿五行志）

	三年乙酉	四年丙戌	八年庚寅	十一年癸巳	二十年辛丑	二十五年丙午
	六月徐州蝗明史五行志	八月徐州地震雷加雹九月復震明史五行志	徐州饑明史五行志			八月二十五日徐州地震越三
米九十萬石賑徐州諸縣明典彙				秋九月免徐州等處被災者稅糧明史稿世宗紀	春正月免徐州等處被災者稅糧明史稿世宗紀	

	一日又震道光舊志		
二十六年丁未	七月徐州大水壞民居禾稼道光舊志		
二十七年戊申	徐州大水舊志		
二十八年己酉	徐州大水二十九年三十年俱大水舊志		
三十二年癸丑	春徐州大饑人相食舊志	春正月侍郎吳鵬振徐州水災明史世宗紀是年秋減免淮徐稅糧五萬石並賑給無田民戶續文獻通攷	
三十三年甲寅	徐州旱明史五行志		二月倭犯通泰餘黨入犯徐界

三十六年丁巳			明史世宗紀
四十三年甲子		議准淮徐災傷漕糧改折徐碭沛豐各准六分 續文獻通攷	夏五月倭犯徐 明史世宗紀
四十四年乙丑	秋七月河決沛縣散漫湖陂於徐州浩渺無際 明紀 徐州大水民饑 舊志	尚書朱衡請發宮帑銀遂大賑 乾隆府志	
四十五年丙寅	徐大水 舊志	以淮徐饑命巡鹽御史以修河道銀賑之 明正統宗	
穆宗 隆慶二年戊辰	八月大風雨三日夜壞官民廬 明史穆宗紀	冬十月戊寅賑淮徐饑	

三年己巳

舍禾稼 舊志

七月乙酉命徐屬有司釐修積穀備荒之政 明史穆宗紀 壬辰遣使振沿河被災州縣 明史穆宗紀 十月免淮徐鐵麻料價銀一年十一月詔減淮徐軍餉銀十二月又免追捕民壯軍餉銀 續文獻通考 以徐淮等處災傷許改折漕兌各項錢糧有差並賑濟如例 續文獻通考

五年辛未

六年壬申

徐州自三年至六年皆大水五

	年九月水決城西門傾人屋舍溺死者甚多舊志	
神宗萬曆元年癸酉	徐州大水舊志	
二年甲戌	是年大水環州城四門俱塞民飢舊志	秋八月振徐州水災明史神宗紀舊志巡撫王宗沐請賑
三年乙亥	四月徐大水明史五行志	八月以河決免徐州被水田租明史神宗紀並蠲賑有差明史稿神宗紀
四年丙子		冬十月以河決賑徐州等七縣災蠲租有差明史神宗紀

七年己卯 五月徐大水八月又水明史五行志

九年辛巳 大水饑民有食草子樹皮者舊志 夏四月振徐州等處災明史神宗紀

十一年癸未 徐州大水舊志

十二年甲申 春二月免徐州等處被災者稅糧明史稿神宗紀

十六年戊子 春徐州大饑人相食夏疫死者相枕舊志

十八年庚寅 徐州城中大水官廨民舍盡沒秋復大雨與武觀井泉湧出如

	漲舊志		
二十一年癸巳	是年徐州大饑督撫請留南糧賑徐州人相食疫盛行舊志死者充道舊志		
二十二年甲午		三月以徐淮去歲水災遣使以兩宮及中宮銀五萬五百兩賑濟又以漕糧十五萬石平糶江北續文獻通攷	
二十五年丁酉	正月徐州夜雨木冰鳥雀皆凍死舊志		
二十七年己亥			浙江民趙古元至徐謀亂徐州人多有從者未及發兵備郭光

復捕誅之舊志

三十一年癸卯　是年徐州春夏淫雨傷稼秋冬大饑人相食舊志

三十五年丁未　正月徐州火延燒居民數百家舊志

三十七年己酉　九月徐州蝗明史五行志

三十九年辛亥　六月自徐州北至京師大水明史神宗紀

四十四年丙辰　春徐州大饑明史神宗紀徐州地震

蠲賑徐州有差明史神宗紀

舊志

熹宗

天啟元年辛酉　六月徐州大雨七日夜城內水深數尺壞民屋千餘舊志

六月神機營都督薊如薰鎮徐州明紀九月山東妖賊徐鴻儒餘黨由荊山口至徐營子房山下焚掠居民知州汪心淵斬賊耳目三人盡撤黃河排樁賊引去舊志

二年壬戌　三月徐州地震有聲如雷舊志

四年甲子　以河決灌州城遷州治於雲龍山明紀

七年丁卯　碭山土賊李五郎三宗等依山為險四出剽掠為徐潁邳三州

莊烈帝還徐州蝗傷麥修復舊城舊志

之害乾隆府志

總兵官馬爌率兵攻李五等擒其渠擒斬之餘黨逃散乾隆府志

崇禎元年戊辰舊志

二年己巳 二月徐州大雨傷麥道光舊志

三年庚午 徐州雨雹巨者如盤傷禾鳥獸死者無算舊志

四年辛未 四月州城南火燒民屋數百家五月州境雨雹大如鷄卵屋瓦皆裂鳥獸死傷甚衆舊志

五年壬申	正月徐州大霧雨秋蝗飛越城渡河禾稼木葉盡或入人室中嚙毀衣物舊志		
八年乙亥	六月七月徐州大雨有蝗舊志		正月徐州兵援鳳陽明史莊烈帝紀時張獻忠陷鳳陽焚皇陵江北賊入蕭境鄰邑戒嚴參議徐標守徐賊不敢犯遂引而南舊志乾隆府志
九年丙子	五月蝗道光舊志		正月闖賊分埽地王盆梁等二十四營攻徐州不克道光舊志
十年丁丑	蝗饑九月十三夜大風雨民避寇境上者男女		八月十六日賊至徐之房村胡山等處官軍與鄉兵築寨胡山列陳禦之自晨至夕賊不敢過

凍死相枕藉冬文廟災舊志　乃退十七日至城南焦山等處遂引去道光志

十一年戊寅　春旱夏蝗飛蔽天食禾苗至盡十二月十七日地震舊志

十三年庚辰　大旱夏秋蝗蝻徧野人相食流亡載道或以婦子易錢百文米數升即去不顧舊志

十四年辛巳　又大旱蝗人相食道無行人夏　五月庚子泰安土寇犯徐州焚北關舊志

大疫死無棺殮者不可數計舊志

十五年壬午	疫甚舊志
十六年癸未	九月地震十二月又震舊志

清

世祖順治元年甲申	正月流賊陷山西明巡撫路振飛遣將金聲桓等防守徐泗明史路振飛傳參明季南略云防河及守徐州二月明將高傑縱兵東下鳳督馬士英迎駐徐州明季北略是月明分江北爲四鎭高傑轄徐泗以徐州蕭碭豐沛等十四州縣隸之明史史可法傳明季南略十二月徐州土寇程繼孔等復作亂明將高傑誘斬之明季

		南略
二年乙酉		四月大兵分趨碭山明總兵李成棟棄徐州遁克之明季南略
四年丁亥	秋霖雨大水舊志	
五年戊子	七月地震是秋霖雨民飢有野蔽生草中民多全活舊志	
六年己丑	九月地震道光舊志	
十一年甲午	雨雹傷麥舊志	
十五年戊戌	五月地震舊志	
十六年己亥	夏秋淫雨三月餘麥爛秋禾亦傷冬春民飢舊志	

十八年辛丑	秋蝗蝝災舊志
聖祖康熙六年丁未	秋大水舊志
七年戊申	六月十七日地震有聲自西北來壞城郭廬舍民多壓死是年蝗舊志
九年庚戌	秋河溢冬大雪井泉有凍者道光志舊志
十五年丙辰	是年大水舊志
十六年丁巳	是年又大水舊志
十七年戊午	春隕霜殺麥秋連三歲被水皆有蠲賑

	大水舊志	舊志
十八年己未	旱蝗舊志	以災蠲賑舊志
二十二年癸亥	春瘟霧多穀枯舊志	
二十五年丙寅	是年旱舊志	閏四月發鳳陽倉銀米賑濟徐州等處江南通志
二十七年戊辰	秋雨無禾舊志	
三十一年壬申		命吏部尚書熊賜履往鳳淮揚三府徐州會同督撫湖查開河築堤建造閘壩栽柳田畝應豁錢糧居易錄
三十五年丙子	秋大淫雨花山河溢石狗湖水通志	賑濟徐州等屬饑民江南

三十六年丁丑	漲壞城東南居民廬舍道光舊志	正月蠲免徐州等處被災錢糧又賑濟徐州等屬饑民江南通志
四十年辛巳	夏旱道光舊志	
四十二年癸未		南巡閱河四月免徵徐州睢寧三十七八九三年未完地丁倉項銀二萬四百二十二兩零江南通志
四十五年丙戌	夏秋霪雨道光舊志	蠲免徐州地丁銀六千一百八十餘兩徐州衛蠲免有差並賑濟饑民

江南通志

四十八年己丑 霪雨凡五月無麥民飢舊志

賑給徐屬州縣幷徐州衛被災飢民十一月以徐州水災重除本年錢糧全免江南通志

五十一年壬辰 是年蠲免徐屬地丁銀並賑飢民江南通志

世宗 秋大水道光舊志

賑徐屬州縣飢民江南通志

雍正八年庚戌 秋徐州等縣及發帑賑卹道光舊志

九年辛亥 徐州衛災江南通志

十年壬子 以上年徐州秋災蠲免所屬縣及徐州衛地丁銀四千一百七十餘兩

		江南通志
十一年癸丑		又以九年徐州秋災蠲免所屬縣及徐州衛地丁銀四千一百七十餘兩江南通志
高宗		
乾隆六年辛酉		以夏雨河溢賑卹徐州道光舊志
七年壬戌		以河決發帑賑卹道光舊志
八年癸亥	夏旱道光舊志	
九年甲子	秋蝗道光舊志	
十年乙丑	夏旱道光舊志	
十一年丙寅	秋八月水道光舊志	自本年至二十六年銅山皆賑卹有差道光舊志
十二年丁卯	九月水道光舊志	南巡幸徐州御製氣山櫚記

十三年戊辰　六月雨雹壞廬舍（道光舊志）

十四年己巳　饑（道光舊志）

十五年庚午　大雨壞廬舍（道光舊志）

十六年辛未　饑（道光舊志）

十九年甲戌　饑（道光舊志）

二十年乙亥　七月災（道光舊志）

二十一年丙子　九月饑（道光舊志）

二十二年丁丑　是年銅沛大水疫作（御製渡黃河至徐州詩注）

南巡幸浙還由順河集至徐州閱視河工車盤經過州縣蠲免本年地丁十之三又以徐屬州縣衛受水患加展賑期

		截留漕糧以資借糶並免積欠籽種口糧南巡盛典
二十三年戊寅	饑道光舊志	夏命尚書劉統勳來徐相度築隄御製河北巡山紳士隄成詩注
二十四年己卯	災道光舊志	
二十五年庚辰	秋大水道光舊志	
二十六年辛巳	雙溝水道光舊志	
二十七年壬午		南巡幸宿遷遂至徐州閱河車駕所過州縣蠲本年額賦十之三加賑銅山一月南巡盛典
三十年乙酉		南巡幸宿遷遂至徐州閱河陸路州縣特免本

年額賦十之五（南巡盛典）

三十一年丙戌

蠲免徐州府屬三十二年應輸漕米（戶部則例）以河決賑銅山（道光舊志）

四十三年戊戌

蠲免徐州府屬四十五年漕糧（戶部則例）

四十六年辛丑

五月至六月雨，賑卹（道光舊志）

微山湖溢，壞廬舍，溺死人畜無算（道光舊志）

四十七年壬寅

饑（道光舊志）

賑（道光舊志）

四十八年癸卯

比年水，秋兆禾，展賑五月（道光舊志）

四十九年甲辰

饑（道光舊志）

南巡幸宿遷，遂至徐州（南巡盛典）

展賑兩月（道光舊志）

五十年乙巳	地震四月黑風自西北來人咫尺不相見毀廬拔木男婦有吹至一二十里外者風中有雨點如拳是歲大旱 道光舊志	賑 道光舊志
五十一年丙午	春大饑斗米千錢夏大疫 道光舊志	
五十九年甲寅		蠲免徐州屬嘉慶二年漕糧并免積欠銀穀 戶部則例
六十年乙卯		又免銅山等處攤徵續

仁宗嘉慶元年丙辰　秋大雨河北岸分別蠲賑道光舊志　修王平莊埽壩工程銀兩戶部則例
六堡漫溢道光舊志

二年丁巳　春賑兩月道光舊志

三年戊午　以河決賑卹銅山道光舊志

四年己未　是歲銅山及徐州衛皆有賑冊府案

六年辛酉　二月大雨木冰鳥雀多凍死舊志

十年乙丑　旱道光舊志

十二年丁卯　二月郡城火延燒百餘家又風從西北來發屋

	拔木道光舊志
十三年戊辰	四月雨雹大者如鷄卵深一二尺壞田廬道光舊志
十六年辛未	旱道光舊志
十七年壬申	大旱四月蝥蟲傷麥是年微山湖涸民掘藕為食道光舊志
十八年癸酉	秋九月銅山蝗雨河溢道光舊志
二十一年丙子	夏大雨水道光舊志
二十二年丁丑	春饑道光舊志

宣宗六月大疫死者是年賑銅山及徐州衛

道光元年辛巳	無算秋大雨傷禾道光舊志	一月口糧銅山案冊
二年壬午	秋淫雨害稼道光舊志	撫卹道光舊志
三年癸未	秋大雨水道光舊志	賑道光舊志
六年丙戌	二月大風拔木夏疫牛畜多死道光舊志	
七年丁亥	夏雨雹道光舊志	
九年己丑	十月地震道光舊志	
十年庚寅	四月雨雹閏月地震六月又雨雹道光舊志	
十三年癸巳		春賑銅山及徐州衛一

		月口糧銅山案冊	
二十六年丙午		春賑銅山及徐州衛一月銅山案冊	
二十七年丁未	九月地震同治府志		
文宗 咸豐元年辛亥	秋八月二字補決碭山盤龍集府志三字補銅沛等縣皆大水同治府志	河賑濟銅山被水災民同治	
二年壬子	大水同治府志	是年截留漕米三十萬石賑給銅沛等縣及徐州衛被水災民同治府志	
三年癸丑		復賑銅沛等縣及徐州衛災民同治府志	
四年甲寅	此年河決未塞復賑銅沛等縣徐州衛		二月粵匪洪秀全分股北竄擾

徐北境皆大水災民同治府志

掠銅山境同治府志

六年丙辰

同治府志

夏旱蝗同治府志

賑卹銅蕭等縣及徐州衛被水災民同治府志

二月捻匪竄掠蕭縣瓦子口大史集徐州總兵傅振邦等擊敗之賊竄皖豫十月復回掠銅山道郡城徐州總兵史榮椿破之郡西九里溝同治府志

八年戊午

三月賊首任乾分股由靈泗北竄雙溝四月捻首任添幅等自靈宿犯徐州副都統伊興額擊走之五月捻首劉狗自山東擾蕭碭闌入豐沛直犯徐城既而西走豐單九月賊犯銅山同治府志

九年己未

五月河南捻匪東竄碭山焚掠

十一年辛巳

穆宗

同治元年壬戌

利國驛同治府志

四月捻匪自樹遷洋河掠縣城外西竄睢寧大李集又分擾雙溝五月捻匪至邳境遂悉眾竄逼郡城官軍追擊焚掠西關而遁秋捻匪復竄銅山十二月又掠雙溝等鎮是年三月嶧縣山賊孫茂庚劉平等竄掠銅山利國汴塘等處十一月徐州道吳棠參府王致祥等擊平之同治府志

四月豐壁捻首張逢科竄掠雙溝七月捻首任弗得等復分竄雙溝四界司巡檢余文俊死之復回竄睢寧十一月自睢寧拔

溝至宿遷窰灣西北入邳州銅山東境皆被其害 同治府志

二年 癸亥

七月復東掠蕭縣姚家樓竄至銅山敬安集擾及郡城西十八里屯十月捻首李大個子相盤等竄邊沛縣東及徐州總兵姚廣武擊走之 同治府志

四年 乙丑

秋欽差大臣曾國藩以勦捻寇駐徐州

五年 丙寅

曾國藩奏王才二圖窩匪通賊有迹誅其魁盡遣男女歸本籍

四月匪首張總愚賴文洸竄豐碭蕭境提督劉銘傳擊賊解豐縣圍賊南入銅山過郡城銘傳又邀敗之於荆山橋遂東竄雙溝陷小店等皆 同治府志

			冬欽差大臣李鴻章以剿捻寇代曾國藩駐徐州
七年戊辰		八月以徐屬州縣屢被兵災蠲免六年以前逋賦同治府志	
十三年甲戌	河決河南侯家林微湖溢銅境		
	大水		
德宗			
光緒八年壬午		法國設天主教會于東南隅	
二十二年丙申		美國設耶蘇教會于西門街	
二十四年戊戌	夏秋大雨水		
二十五年己亥	夏秋大雨水	春截留漕糧並發帑振	

		卹	
二十六年庚子		春賑	
三十二年丙午	大雨水		
三十三年丁未		春官義合振	
宣統二年庚戌	夏大雨水	冬官義合振十二月查振大臣馮煦莅徐勘視	
三年辛亥		春官義合振三月查賑大臣馮煦莅徐勘視	十月江南提督張勳自南京退駐徐州

（清）姚鴻傑等纂修

【光緒】豐縣志

清光緒二十年（1894）刻本

災祥

易曰天垂象見吉凶書曰狂恒雨若僭恒暘若豫恒燠若急恒寒若蒙恒風若天人之間呼吸感召捷於影響古人遇災變無巨細必書所以深戒懼嚴修省也然或有應有不應則以挽回補救之功全視人事而不得委諸時數之適然故凡所聞見必謹詳之

魯哀公十四年孔子夜夢三槐之間豐沛之邦有赤烟氣起乃呼顏淵子夏往視之驅車到楚西北范氏街見芻兒摘麟傷其左前足薪而覆之孔子曰兒來汝姓爲赤誦名子喬字受紀孔子曰汝豈有所見耶兒曰

見一禽巨如羔羊頭上有角其末有肉孔子曰天下已有主也爲赤劉陳項爲輔五星入井從歲星兒發薪下麟示孔子孔子趨而往麟蒙其耳吐三卷圖廣三寸長八寸每卷二十四字其言赤劉當起曰周亡赤氣起大燿興玄制命帝卯金孔子作春秋制孝經既成使七十二弟子向北辰星磬折而立使曾子抱河洛事北向孔子齋戒向北辰而拜告備於天曰孝經四卷春秋河洛凡八十一卷謹已備天乃洪鬱起白霧摩地赤虹自上下化爲黃玉長三尺上有刻文孔子跪受而讀之曰寶文出劉季握卯金刀在軫北字禾子天下服

秦始皇帝二十八年望氣者云東南有天子氣遂東巡至豐築臺縣治前埋寶劍丹砂於下復於城內四隅鑿池深數丈厭之

漢建昭二年冬十一月大雪深五尺○王莽天鳳六年大饑地皇三年大旱黃金一觔易粟一斛

晉太始五年五月辛卯朔鳳凰將九雛見於豐之西城十一月甲子復至羣鳥隨之

十年戊辰天狗東北下有聲占有大戰血流

大興元年八月蝗食生草盡至於二年

四年十二月月犯慧星在房占曰其國兵主人饑流亡

元熙三年六月河決滑州漂沒公私廬舍歷澶濮至徐

州與淸河合城不沒者四版豐大水

宋元嘉十七年甘露降於富民村三十里

大明二年大饑

陳大建十年二月癸亥日上有背占者曰其野失地主有
叛兵甲子吳明徹敗於呂梁淮徐以北諸郡盡入於
周

隋大業三年大旱民饑

唐永貞元年六月飛蝗蔽天而下旬日不息食木葉畜毛
俱盡民亦皆蒸蝗曝颺翅足食之

大中十二年徐州水深五丈漂沒數萬家豐大水

元和元年三月鎮星太白合於奎占曰主徐州各邑

宋乾德五年五星聚奎經星直魯分徐州白羊房心之域
　太平興國八年夏五月河決滑州豐大水
　天禧三年夏六月河決滑州豐大水
　熙甯十年秋七月乙丑河決澶淵南溢於淮泗方水之
　至也汗漫千餘里漂廬舍敗冢墓老弱蔽川而下壯
　者無所得食多槁死邱陵林木間宋以前黄河去豐
　五百餘里自澶淵之決北流繼絶黄河南徙至正九
　年始成巨津而豐爲濫觴矣
金大定元年夏五月河決曹縣豐大水
　天興二年豐陷於蒙古
元至元二年大旱蝗食禾稼

皇慶二年大旱學士元明善奉詔往賑他路遂以己意動鈔分給豐由是多所全活

至正四年夏五月大雨二十一日黃河暴溢決白茅堤豐大水○二十七年秋九月地大震有聲

明景泰三年大饑疫

成化二年大饑○三年大水

宏治十三年大水○十五年冬桃李華

正德七年五月大風自西北來廬舍木石皆發咫尺莫辨秋大水○八九十年俱水○十年六月二龍鬭於泡河

嘉靖二年大水○三四年大饑○五年丙戌夏六月黃

水陷城○六年七年八年俱大水○十一年蝗○二十五年夏六月雨雹九月地震有聲○三十一年秋地大震○三十二年大荒民食榆皮柳葉餓殍相望詔刑部侍郎吳鵬發賑○三十八年大旱○三十九年蝗蝻生○四十二年四月雨雹如拳屋瓦皆裂○四十四年黃河泛溢秋旱蝗工部尚書朱衡請旨發賑

隆慶二年元旦大風拔木

萬歷四年丙子八月河決太行堤數處民多流移○六年夏六月大風自西南來揚石拔木颺田車於空中十二月大雪二十餘日深數尺○二十一年夏霪雨

三月人食草木皮次年春瘟疫大作○三十二年八
月河決朱旺口及太行堤數處豐境悉成巨浸民舍
漂沒三載田宅價值極賤後河徙年溝始定
天啟元年辛酉訛言選宮女民間嫁娶無復垂髫者○
五年蝗○六年七月隕霜殺禾○七年蝗
崇貞元年蝗○二年春二月地震有聲自西北來○四
年九月河決西洋廟口及十七舖口邑大水有羣鳥
飛自西北來狀如鳩足若兔趾不樹棲或夜飛民間
舉火照之競翮然墮地○五年正月元夜大雷雨秋
大水人饑○七年蝗○八年七月初九日甫昏天狗
星自西南迤東北下光焜然如燈燭長空皆赤色及

其將沒有痕如長繩竟天○九年秋霪雨三月黄河泛溢邑大水○十一月蝗蝝空蔽地禾稼立盡○十三年大旱二月初四日異風自北來兵刃草樹皆出火光夏秋蝗蝻徧生鄉民爭捕殺之道旁積若邱陵臭聞數十里民大饑斗米一金人相食所在流亡或以婦子易錢百文飯一餐去不復顧麩棉種蓼種蓬種掃帚灰菜種斗價銀三錢○十四年大旱蝗災子夫妻相食大疫流行死無棺斂者不可悉數八月黄河清十一月有雉棲於縣治○十五年四月二十四日天鼓鳴九月十一日地震十二月初九日夜地震○十六年十月黄河清九月十一日地震有聲十二

月初六日復震
國朝順治二年秋霪雨民間房屋多崩壞三年劉通口決
水北從午溝至徐一帶河流涸竭○四年九月十六
日河溢餘流自單縣入豐注大行堤深丈餘○五年
八月大水薄城堤下○十年九月生員楊楓宸園內
牡丹秋華豔麗如春
康熙七年戊申六月十七日酉時有聲如鐘自北而南
地震屋盡傾男婦壓死者甚衆次三日連震人皆露
處○十二年冬十月桃李再實狀如瓜○十九年五
月二十四日大風從西南來壞城堞及縣治前東西
兩坊至夜大雨如注廬舍皆傾平地成渠民露處隄

上者數千家○二十四年七月二十七日大風雨三晝夜不息秋實盡落發屋拔木平地水深尺許晚田漂沒○二十八年六月初連遭大雨禾稼渰沒○三十四年四月初三日戌時地震門環皆響○三十五年二月二十五日酉時大風發屋出戶皆迷竟夜無敢安寢者○三十九年七月十五日暴雨大作三晝夜不止禾稼傷民少完宇○四十二年四月十七日雨雹大風拔樹連抱之材曳置里許二十八日復雨雹如栗如卵有大如杵者麥禾俱損○四十三年春民乏食剝榆皮掘蕨根𥻗䅗粃而食多逃散者幸捐賑並行賴以存活漸次招徠復業○四十五年五月

雨雹六月二十九日大雨彌月秋禾渰沒○詔發粟賑恤○四十八年大雨水傷禾民多逃亡　詔賑恤○五十九年六十年大旱無禾　詔大賑

雍正七年大水八年復大水九年春米麥騰貴草價甚昂每草一觔制錢十餘文民至有拆草屋還瓦屋者

詔大賑

乾隆四年大水歲大饑　詔大賑　七年春暴雨連日傷淼苗秋石林口復決城之東南東北咸成巨浸○八年無麥間有種麥者又受霧災秋大水○九年春夏民大饑　詔大賑○十八年秋水災　詔大賑○二十年二十一年二十二年連被水災賀堌家安丁

蘭等里因沛湖漲溢漂没廬舍兼大疫時行　詔大賑○二十三年蝗過境秋豆大收價值之賤爲數十年所未有○五十一年大饑人相食

嘉慶元年河決碭山之龎家林豐界東北當其衝大溜自苗城集入豐境曲折趨魚臺縣之昭陽湖而豐之西南北皆大水

道光十二年自春徂夏多雨少晴及秋淫霖益甚八月二十一大雨竟日向晚少止夜將半雨驟至泡河水暴長數尺由東北隅潰堤入城城中廬舍漂没殆盡次年春大饑邑令王元本增築護城堤以工代賑工竣仍由東北隅涵洞口疏洩積水坊肆始涸○二十

六年前五月二十日薄暮西北濃雲如墨二物蜿蜒下垂如巨桯人呼龍挂俄頃雨至風雷暴作去城四十餘里袁家堂甃井之磚攪出其上半妖物自井中出準擊西逝風雷隨之所過處禾苗如削至渠姓之孔家莊旋繞數刻大木盡拔瓦石皆飛房舍傾倒殆盡男婦壓死者十餘口○二十九年九月中三日並出横貫白氣長丈許中一日有青紅氣圓繞之自未及申始復故

咸豐元年八月十九日河決碭山縣之蟠龍集集界碭北踰集里許即入豐境決口據上游縣城適當其衝幸集中坊肆櫛比溜壅而東以漸而北遂徑華山咸

山入沛縣之微山[redacted]湖餘流旁溢逆侵豐及縣城之東於是縣之東南北舉爲澤國是年冬河道總督楊以增兩江總督陸建瀛同往飭工敛募民夫十餘萬塞之二年正月塞而復決工旋罷嗣奉　嚴旨詰責遂於是秋廣購料木竹石及冬復大集民夫施工三年春決口閉流民相率復業忽於六月初八日故口復決水驟至漂溺人畜無算然是年二月粤匪已陷省城據之自是大江南北日議兵事於河防不遑兼顧遂置焉○五年五月復決於蘭儀縣之銅瓦廂河西徙水患始息○二年三年秋八月梨杏俱重華○三年秋九月地震梁棟有聲○八年十二月地震

同治二年正月城西北三十里雨雜雪○四年五月十
三日天鼓鳴自西北而東
光緒元年秋黃河决於鄆城縣之侯家林東南注運河
入昭陽湖湖溢泛入邑北境十月十五日夜北風暴
作驅白浪高四五尺如牆飛迸瞬息越六七十里人
不及避咸升屋緣樹柴堆茅宇竟罹紛飛浮屍逐溜
如激箭半日風止水亦頓落○五年春鄉民治田者
薄暮歸鋤臿上皆見火光咸驚詫不數日暴風從西
南至其色赤晝晦檐宇間烟燄突出不可嚮邇合境
以災告者數十處一村一圩有須臾而盡者○十六
年七月初三日未時城東北五十里突有烏龍自天

觸地風雨隨之由李姓鄧姓兩村間東行徑行處廓
約二三里當其衝者木無不拔屋無不發釜甑磚石
皆飛起黑烟若晦俄頃不知所終○二十年六月初
三日晡時城南二十五里宋家樓村南風雨驟至自
西南而東北墓前石碑石案吹折數段石鼎重千斤
平地倒折如滾毬移時始定

【民國】沛縣志

于書雲修　趙錫蕃纂

民國九年（1920）鉛印本

沿革紀事表

歷代　統隸　國縣名　紀事（封建時政兵燹災異悉載）

唐　海岱及淮惟徐州　沛地（酈道元水經注昔許由隱於沛澤即此縣也縣蓋取澤爲名則沛自陶唐時已有其地）

虞　徐州　留國（路史堯子封於留一作鎦劉氏所自出則留之封國當在有虞之時桀休伯避地賦朝余號兮泗州夕余宿兮留鄉即指此地）

唐堯○○年　許由字仲武隱於沛澤之中堯讓以天下不受而逃去（皇甫謐高士傳）

虞舜○○年　丹朱庶弟九其封於留國者爲留氏（路史國名紀）

夏徐氏　沛地　留國　薛國（江慎修春秋地理攷實薛任姓侯爵奚仲封於薛今滕縣南四十里）

有薛城在沛之東故城屬今沛縣地

大禹○○年 薛氏出自任姓奚仲爲夏車正禹封爲薛侯地今魯國薛城唐書宰相世係表

商 徐州之域沛國路史徐地有沛氏商人六族有條氏王符云殷氏姓

商 南隸留國即古留國詩王風彼留子國據此則殷之衰世其國猶存東隸薛國乾隆盛志仲虺封於薛江梅村水經注圖沛之東屬薛國

湯○○年 奚仲十二世孫仲虺復居薛爲湯左相唐書宰相世係表

周 青州併徐於青沛邑左傳昭公二十年齊侯田於沛江慎修春秋地理攷實引水經注時水至梁鄒城入於沛齊之沛澤即沛水上游則沛邑在周實爲宋地東爲薛國唐書宰相世係表武王克商復封爲薛侯齊桓公霸諸侯獨薛侯不從孟子齊人將築薛則薛之爲國戰國時猶存南爲留邑左傳杜注呂留二縣今屬彭城郡江慎修春秋地理攷實引之則周時之留已爲宋邑留國在殷之末世已亡東南有偪陽國之半路史國名紀茲帝之

宗有偪國注晉襄公母偪姬注卽周之偪陽國文獻通考偪陽妘姓子爵國在彭城偪陽縣今沂州承縣一統志沛縣古偪陽國地今檢嶧縣志嶧縣卽漢承縣偪陽故城在今嶧縣萬年閘西據此則春秋時之偪陽卽古之偪國故城在嶧而疆域當可統轄沛縣以封域考之偪陽國界沛與嶧各據其半焉

桓王八年　春滕侯薛侯來朝爭長薛侯曰我先封左傳隱公十一年

簡王十四年　秋楚子辛救鄭侵宋呂留左傳襄公元年

靈王九年　晉荀偃士匄請伐偪陽而封宋向戌焉甲午滅之以與向戌晉侯有閒以偪陽子歸左傳襄公十年

赧王二十九年　齊楚魏共滅宋而三分其地楚得沛地以爲縣史記並通鑑

顯王四十二年　九鼎淪泗沒於淵竹書紀年

顯王四十六年　秦使張儀與楚齊魏相會盟於齧桑史記楚世家

秦　泗水郡治沛縣始皇廿四年置地理志稽疑秦末稱泗川郡　沛縣　留縣　西北有湖陵縣三分之一

二世元年　九月沛父老子弟共殺沛令開城門迎劉季爲沛公沛公祠黃帝蚩尤於沛庭史記高祖紀

二世二年　十月沛公攻湖陵方與破秦監軍還守豐史記秦楚之際月表幷漢書

二世三年　正月東陽甯君秦嘉立景駒爲楚王在留沛公往從之道得良遂與俱見景駒是時秦將章邯定楚沛公引兵與戰蕭西不利還收兵聚留漢書高祖本紀

秦嘉已立景駒爲楚王以拒梁梁引兵擊嘉軍敗走追至湖陵嘉戰死梁幷秦嘉軍軍湖陵將西章邯至栗梁使別將朱雞石與

戰朱雞石敗亡走湖陵漢書項籍傳

漢 沛郡 沛縣漢書地理志沛國沛郡按縣在秦屬泗水郡漢為沛郡移治相沛為國邑謂之小沛沛郡領縣三十七沛與廣戚俱偪近泗水者也其縣終漢世恆封為國 廣戚縣漢書地理志廣戚屬沛郡按縣在沛縣東水經注泗水又東南流逕廣戚縣故城南即其城也其縣即今夏鎮戚城疆域不大在漢以此封侯國

楚國 留縣漢書地理志留屬楚國按留即春秋留國在沛縣東南春秋為宋邑秦始置縣漢時為張良封國

東南有傅陽縣之半漢書地理志傅陽縣即古之偪陽國為嶧縣志偪與傅同郡國志謂沛古偪陽國地嶧縣志亦謂其南為偪陽國考乾隆嶧縣志國偪陽故城在嶧縣西界與沛縣昭陽湖相近以封域稽之古傅陽縣今沛嶧各占其半非曰輔陽

山陽郡 西北有湖陵縣三分之一漢書地理志湖陵屬山陽郡按湖陵即湖陸秦始置縣漢因之考實滕縣舊志湖陵城西屬魚臺南屬沛縣滕僅得其一角以封域稽之魚臺據地較多沛僅有三分之一

高祖元年 九月漢王遣將軍薛歐王吸因王陵兵從南陽迎太

公呂后於沛漢書高帝紀

高祖二年　羽自以精兵三萬人從魯出胡陵至蕭晨擊漢軍大戰彭城靈壁東大破漢軍漢王得與數十騎遁去過沛使人求室家室家亦已亡不相得漢書高帝紀

高祖三年　項羽使項聲復定淮北灌嬰渡淮破項聲下下邳薛郯遂降彭城虜柱國項佗降留薛沛酇蕭相灌嬰傳

高祖六年　正月丙午封張良爲留文成侯漢書功臣表

高祖十一年　秋七月淮南王黥布反渡淮史記漢高祖紀曹參從悼惠王將車騎十二萬與高祖會擊黥布軍大破之南至蘄還定竹邑相蕭留漢書曹參傳

十二月癸巳封兄子濞爲沛侯漢書王子侯表

高祖十二年　冬十月上破布軍還過沛留置酒沛公悉召故人父老子弟佐酒發沛中兒童得百二十人教之歌以沛爲湯沐邑復其民世世無所與幷復豐比沛（漢書高帝紀）立濞於沛爲吳王王三郡五十二城（漢書吳王濞傳）

辛丑封周聚爲博陽侯二十四年薨（漢書功臣侯表）

惠帝元年　以沛宮爲原廟皆令歌兒習吹以和和常以百二十人爲員

高后元年　封后兄康侯少子呂種爲沛侯八年坐呂氏事誅國除（史記惠景間侯年表）

武帝元朔元年　十月封魯共王子劉將爲廣戚侯始嗣元鼎五年坐酎金免（漢書王子侯表）

元朔三年　三月封齊孝王子劉就爲傳陽侯旋薨終古嗣元鼎五年坐酎金免漢書王子侯表傳陽即傅陽

宣帝元康元年　詔復高帝功臣絳侯周勃等百三十六家

宣帝神爵元年　西羌反發沛郡材官詣金城漢書宣帝紀

成帝河平二年　正月沛郡鐵官鑄鐵鐵不下隆隆如雷聲又如鼓聲工十三人驚走音止還視地地陷數尺鑪分爲十一鑪中消鐵散如流星皆上去漢書五行志　河堤大壞汎濫青徐州縣略徧後漢循吏王景傳注引十三州志

河平三年　二月封楚孝王子劉勳爲廣戚侯薨子顯嗣王莽篡位奉顯子嬰爲定安公漢書楚孝王囂傳

哀帝建平四年　四月山陽湖陵雨血廣三尺長五寸大者如錢

小者如麻子漢書五行志

新莽天鳳五年　赤眉寇楚沛等郡後漢書劉盆子傳

淮陽王更始二年　梁王劉永招諸豪傑沛人周建等並署爲將帥攻下沛楚後漢書劉永傳

後漢　沛國　沛縣續漢郡國志沛有泗水亭注亭有高祖碑班固爲文以記之地道記有許城左傳定公八年鄭伐許按許在今河南與沛相距甚遠左傳八年亦未有鄭伐許事許字恐有錯訛劉昭之注未可以爲訓也

彭城國　廣戚縣續漢郡國志廣戚故屬沛國東漢章帝改屬彭城國恆爲縣治不復如前漢之時爲封國焉

留縣續漢郡國志注西征記曰留縣中有張良廟故邑俱爲縣治終東漢世未嘗封國東南有傅陽國之半續漢郡國志傅陽有柤水注左傳襄公十年滅偪陽即此縣也其地東漢時亦未嘗封國柤水即口水在嶧縣南西北有湖陵三分之一續漢郡國志湖陵故湖陸章帝更名注前漢志王莽改曰湖陸章帝復其號博物記曰荷水出湖陸地道記縣西有費亭城魏武帝所封桑欽水經注泗水又屈東南過湖陸縣是也其地更東漢明帝時增益東

平國章帝時封東平王子爲侯

世祖建武二年　夏虎牙將軍蓋延等南伐劉永永將蘇茂與佼彊周建合軍三萬人救永蓋延等與戰于沛西大破之茂奔還廣樂彊建從永走保湖陵延遂定沛楚臨淮修高祖廟置嗇夫祝宰樂人通鑑輯覽並後漢書蓋延傳

建武三年　春遣大司馬吳漢等圍蘇茂於廣樂周建率衆救茂茂建戰敗棄城復還湖陵後漢書劉永傳

建武四年　春蓋延擊蘇茂周建于蘄進與董憲戰留下皆破之後漢書蓋延傳

建武五年　秋七月王常攻拔湖陵後漢書王常傳丁丑幸沛祠高原廟詔修復西京園陵進幸湖陵征董憲後漢書光武帝紀

建武十九年　九月南巡狩進幸淮陽梁沛（後漢書光武紀）詔問郡中諸侯行能太守薦言劉般束修至行爲諸侯師帝聞而嘉之（後漢書劉般傳）

建武二十年　六月乙未徙中山王輔爲沛王冬十月東巡狩甲午幸魯進幸東海楚沛國（後漢書光武帝紀）劉般復與車駕會沛國從還洛陽賜穀食什物留爲侍祠侯（後漢書劉般傳）

建武二十八年　夏六月沛太后郭氏薨秋八月沛王輔就國（後漢書光武帝紀）

世祖中元元年　東海王彊沛王輔等皆來朝（後漢書光武帝紀）

中元二年　封沛獻王輔子劉寶爲沛王（後漢書沛獻王輔列傳）

明帝永平二年　以湖陵益東平國（後漢書東平憲王蒼傳）秋九月沛王輔

楚王英等來朝

永平六年 春正月沛王輔楚王英等來朝冬十月行幸魯會沛王輔楚王英（後漢書明帝紀）

永平十年 閏月南巡狩冬十一月徵沛王輔會睢陽（後漢書明帝紀）

永平十五年 春二月東巡狩徵沛王輔會睢陽（後漢書明帝紀）

永平十八年 徐州大旱詔勿收田租芻藁以見穀給貧人（後漢書明帝紀）

章帝建初七年 春正月沛王輔濟南王康東平王蒼來朝（後漢書章帝紀）

章帝元和元年 六月辛酉沛王輔薨（後漢書章帝紀）以東平憲王子劉口爲湖陵侯

元和二年　芝生沛如人冠狀 班固傳注

章帝章和元年　八月南巡狩己丑遣使祠沛高原廟乙未幸沛祠獻王陵九月庚子幸彭城東海王政沛王定皆從

和帝永元十六年　二月己未詔兗豫徐冀四州比年雨多傷稼禁酤酒夏四月遣三府掾分行四州貧民無以耕者爲雇犂牛直 後漢書和帝紀

安帝永初二年　十二月辛卯稟沛國等五郡貧民 後漢書安帝紀

永初三年　五月丁酉沛王正薨 後漢書安帝紀

永初四年　夏四月徐青等六州蝗 後漢書安帝紀

永初六年　夏四月沛國大風雨雹 後漢書安帝紀

永初七年　賑飢民

安帝延光三年　五月壬戌沛國言甘露降（後漢書安帝紀）

順帝建康元年　三月庚子沛王廣薨八月揚徐盜賊范容周生等寇掠城邑遣御史中丞馮赦督州郡兵討之（後漢書順帝紀）

沖帝永嘉元年　時揚徐劇賊寇擾州郡皇太后臨朝委任太尉李固分兵討伐羣寇消夷（後漢書順烈梁皇后傳）

桓帝永興六年　六月彭城泗水增長逆流詔曰災異爲害水變仍至其令所傷郡國種蕪菁以助人食（後漢書桓帝紀）

桓帝延熹七年　正月庚寅沛王榮薨（後漢書桓帝紀）

靈帝中平二年　六月前中山太守張純畔入邱力居衆中遂爲諸部烏桓元帥寇掠青徐等州次年乃定（後漢書烏桓傳）

中平五年　六月沛彭城下邳等七郡國水大出（後漢書靈帝紀引袁山松書）

冬十月青徐黃巾復起寇郡縣（後漢書靈帝紀）

獻帝初平元年　會徐州黃巾賊起以陶謙爲徐州刺史擊黃巾破走（後漢書陶謙傳）

初平四年　曹操擊謙破彭城傅陽謙退保剡（後漢書陶謙傳）

獻帝興平元年　曹操攻陶謙劉備救之謙表劉備爲豫州刺史屯小沛（通鑑）

建安元年　袁術攻劉備呂布虜劉備妻子備請降布乃召備復以豫州刺史使屯小沛布自稱徐州牧（通鑑）　袁術遣將紀靈等步騎三萬攻劉備備求救於布布請靈等與備共飲食解之各罷（通鑑）

建安二年　十一月韓暹楊奉寇掠徐揚間劉備誘奉引軍詣沛

請入城飲食于座上縛斬之通鑑

建安三年 呂布復與袁術通攻劉備九月破沛城虜備妻子備單身走曹操救擊布禽殺之通鑑

建安四年 十二月劉備遂殺徐州刺史車冑舉兵屯沛三國志魏武帝紀 時關某守下邳城行太守事備身還小沛三國志關某傳

三國 魏 沛國 沛縣三國疆域志沛故屬沛郡明帝景初初改封沛國終魏之世仝爲封國

廣戚縣三國疆域志廣戚故屬彭城國景初初改封沛國終魏之世仝爲封國

彭城國 留縣三國志留縣屬彭城 東南有傅陽縣之半三國志傅陽縣屬彭城國漢魏代興統轄或有稍殊而疆域之贏縮相若也

山陽郡 西北有湖陵縣三分之一三國疆域志湖陵屬山陽郡查湖陵之名起于秦世漢代因之王莽雖更曰湖陸而東漢輿地仍復舊名光武本紀一則曰進幸湖陵再則曰復還湖陵章帝封宗子亦曰湖陵侯初未嘗有

湖陸之稱也乃續漢郡國志徑改爲湖陸三國志復沿用湖陸均因於漢書紀載未之詳察

文帝黄初五年　九月赦靑徐二州三國志魏文帝紀

黄初六年　春二月遣使者巡行許昌以東盡沛郡問民所疾苦貧者賑貸之三國志魏文帝紀

明帝太和六年　二月徙譙王林改封沛三國志沛穆王林傳

明帝景初元年　九月徐豫等州水遣侍御史循行沒溺死亡及失財產者開倉賑救之三國志魏明帝紀

景初二年　以沛杼秋公邱彭城豐國廣戚幷五縣爲沛王國三國志魏明帝紀　又改沛國爲汝陰郡以沛縣爲沛王國乾隆志

少帝甘露元年　春正月乙巳沛王林薨子韓嗣三國志魏少帝紀

晉　沛國　沛縣晉地理志沛屬沛國初爲王封自永嘉初連年兵革廢帝爲

彭城國 留縣晉地理志留屬彭城國其時軍旅迭興留為東西門戶太寧中沒于趙燕

廣戚縣晉地理志廣戚屬彭城國魏故屬沛國今初改屬焉東晉時沒於胡

高平國西北有湖陵縣三分之一晉地理志傳陽湖陵屬高平國故屬山陽郡晉初改屬高平國

南渡以來沛地全陷于胡惟湖陵獨存晉胡疊以重兵屯戍北地固南北之咽喉也

武帝泰始元年 十二月封順王景為沛王邑三千四百戶晉書沛順王景傳按景傳字子文武帝紀作封子文為沛王

泰始四年 九月徐州大水開倉以賑之晉書武帝紀

泰始五年 二月徐州水遣使賑恤之晉書武帝紀

武帝咸甯元年 八月沛王子文薨九月徐州大水晉書武帝紀

咸甯三年 正月白虎見沛國宋書符瑞志 九月大水傷秋稼詔賑給之晉書武帝紀

惠帝元康二年　冬十一月沛國雨雹傷麥晉書惠帝紀

元康五年　徐州大水詔遣御史巡行賑貸晉書惠帝紀

元康八年　九月徐州大水晉書惠帝紀

惠帝太安元年　七月徐州大水冬十月地震晉書惠帝紀

惠帝永興元年　三月陳敏攻石冰徐州平晉書惠帝紀

懷帝永嘉元年　二月辛巳東海人王彌起兵反寇青徐二州晉書懷帝紀

永嘉二年　三月王彌寇青徐兗冀四州晉書懷帝紀

永嘉四年　春正月劉淵遣兵分寇徐兗諸郡十六國春秋前趙錄

永嘉五年　秋七月石勒寇穀陽沛王滋戰敗遇害晉書懷帝紀

東晉　元帝大興元年　八月徐州蝗食生草盡至二年晉書五行志

是歲彭城內史周堅（即沛人周撫）害沛國內史周默（亦沛人）以彭城降

于石勒石勒遣騎援之（通鑑）

大興二年　五月徐州蝗（晉書元帝紀）

元帝永昌元年　徐兗間諸塢多降于後趙勒置守宰以撫之（通鑑）

明帝太寧三年　夏五月司豫徐兗率皆入於後趙以淮爲境（通鑑）

穆帝永和七年　秋八月魏徐兗荆豫五州來降（通鑑）

穆帝升平三年　燕慕容恪進兵入寇河南汝潁譙沛皆陷（晉書慕容恪傳）

海西公太和四年　夏四月大司馬桓溫帥師伐慕容暐（晉書海西公傳）

六月舟師自清水入河舳艫數百里遣建威將軍桓元攻湖陸

拔之（通鑑）

太和五年　是歲沛地併於秦通鑑
孝武帝太元三年　八月秦兗州刺史彭超攻沛郡太守戴逯於
彭城十六國春秋前秦錄
太元四年　兗州刺史謝元帥師萬餘救彭城秦將彭超圍彭城
置輜重于留城元揚聲遣何謙向留城超聞之釋彭城圍守將
戴逯隨謙奔元超遂據彭城留兗州治中徐褒守之通鑑
秦以毛盛爲兗州刺史戍湖陸十六國春秋前秦錄
太元九年　是歲沛地復歸于晉八月遣都督謝元帥師伐秦謝
元據彭城通鑑
太元十二年　是歲北府遣戍湖陸晉書五行志
太元十九年　秋七月徐州大水傷秋稼遣使賑撫之晉書孝武帝紀

太元二十年 夏六月徐州大水（晉書孝武帝紀）

安帝義熙十二年 進侍劉裕以徐州之彭城沛等十郡封爲宋公（宋書武帝紀）

義熙十三年 正月劉裕以舟師進討留彭城公義隆鎭彭城軍次留城（宋書高帝紀）

南北朝 沛郡 沛令（宋書州郡志沛令屬沛郡太守按乾隆舊志稱宋移沛郡治蕭縣屬如故又按南北史補志略同其地屢爲魏掠而孝建末年始爲魏所奪爲）

彭城郡 留令（宋書州郡志留令屬彭城太守南北史補志相同其時廣戚併留偪陽併于呂而湖陵則併于高平縣焉）

宋武帝永初元年 詔復彭城同豐沛其沛郡下邳復租布三十年（宋書高祖紀）

永初三年　徐州刺史王仲德將兵屯湖陸（宋書索虜傳）

宋少帝景平元年　三月索虜率三千餘騎破高平兗州刺史鄭順之戍湖陸不敢出（宋書索虜傳）

魏明帝泰常八年　刁雍招集譙梁彭沛民五千餘家置二十七營遷鎮濟陰（刁雍傳）

宋文帝元嘉七年　魏叔孫建大破竺靈秀軍追至湖陸（魏書島夷傳）

魏太武神嘉三年　春刁雍立徐州於外黃城置譙梁彭沛四郡九縣（魏書刁雍傳）

宋文帝元嘉十七年　八月徐州大水遣使檢行賑撫（宋文帝紀）

元嘉二十二年（魏太平真君五年）冬十一月魏人侵宋分爲二道掠淮泗以北徙青徐之民以實河北（通鑑）

元嘉二十六年　沛郡見白雉（宋書符瑞志）

元嘉二十七年（魏太平真君十一年）魏高凉王那自靑州趨下邳楚王建自淸西進屯蕭城步泥公自淸東進屯留城武陵王駿遣參軍馬文恭將兵向蕭城江夏王義恭遣軍主稽元敬兵向留城文恭爲魏所敗步泥公遇元敬引兵趨苞橋欲渡淸西沛縣民燒苞橋夜于林中擊鼓魏兵爭渡苞水溺死過半（通鑑）

宋孝武帝孝建元年（魏文成興光元年）三月徐遺寶以新亭功遣戍湖陸義宣旣叛遺寶遣長史劉雎之襲徐州長史明胤于彭城不克胤與兗州刺史夏侯祖歡冀州刺史垣護之共擊遺寶于湖陸遺寶棄衆走（通鑑）

魏文帝皇興元年（是歲沛地入于魏）

魏 沛郡 齊 沛縣 魏書地形志沛屬沛郡注有漢高祖廟沛城呂母冢沛澤小沛泗水亭齊省按沛縣

終魏之世兵革不多而水災蟲傷疊書亦地方之厄也

彭城郡 留縣 魏書地形志留屬彭城郡注有微山留城微子冢張良墓廣戚城薛城戚夫人廟黃山山祠據此則其時廣戚併于留縣而留城東南統轄亦兼銅山界矣

文帝太和五年 齊高帝建元三年 終齊之世地全爲魏民不樂屬魏常思歸江南齊王多遣間諜誘之於是徐兗之民所在蜂起保聚五固推司馬朗之爲主魏遣尉元范虎子等討之 通鑑

太和十九年 齊明帝建武二年 夏四月曲赦徐豫二州癸巳幸小沛遣使以太牢祭漢高祖 魏書文帝紀

太和二十三年 齊廢帝永元元年 六月徐州大水八月自甲寅至乙未大風拔樹 魏書靈徵志

宣帝景明元年齊和帝中興元年五月魏徐州虸蚄害稼七月徐大水平
隄一丈五尺魏書靈徵志
景明二年齊和帝中興二年三月徐州大水飢民死者萬餘魏書宣帝紀
宣帝正始二年梁武帝天監四年三月徐州大雨霖魏書靈徵志
宣帝永平五年梁武帝天監十一年八月徐州虸蚄害稼三分食二魏書靈徵志
肅宗熙平元年梁武帝天監十五年夏六月徐州大水秋七月霜魏書靈徵志
出帝太昌元年梁武帝中大通四年五月以太傅淮陽王欣爲太師封沛郡
王九月以太師沛王欣爲廣陵王前廢帝子勃海王子恕改封
沛郡王魏書出帝紀時沛郡統相沛蕭

東魏　沛郡　沛縣南北史補志魏齊周地形相同
彭城郡　留縣南北史補志魏齊地形相同

孝靜帝元平元年梁武帝中大通六年是歲沛屬東魏

孝靜帝興和二年梁武帝大同六年四月己丑金木相犯于奎丙午火木相犯于奎奎爲徐方魏書天象志

北齊　彭城郡　沛縣隋書地理志注後齊廢開皇十六年復按南北史補志沛留二縣魏齊周地勢相同或齊末爲廢滅

齊宣帝天保元年省沛郡以沛縣隸於彭城乾隆舊志

北周　陳　彭城郡　沛留隋書地理志彭城注舊置郡後周併沛留地開皇初郡廢大業初復置郡據此則沛留二縣齊末已廢

周武帝建德六年陳宣帝大建九年是歲沛地屬周

周靜帝大象元年陳宣帝大建十一年二月封內史上大夫鄭譯進爵沛國公周書鄭譯傳考南北史地形補志時沛國領相沛蕭三縣

大象二年（陳宣帝太建十二年）尉遲迥以隋文帝當權將圖篡奪遂謀舉兵其將席毗羅衆十萬屯於沛縣將攻徐州隋文使于仲文統兵擊之時毗羅妻子在金鄉城中仲文襲取金鄉於是毗羅自沛薄仲文軍仲文結陳去軍數里設伏於麻田中兩陳纔合伏兵發俱曳柴鼓譟塵埃張天毗羅軍大潰仲文乘而擊之兵投洙水死追擒毗羅勒石紀功樹於泗上（周書尉遲迥傳　隋書于仲文傳）

隋　彭城郡　留縣（隋書地理志沛留屬彭城郡開皇十六年復有微山黃山其時彭城有蘭陵與滕縣傳寫湖陵均併入焉）

文帝開皇元年　九月上柱國沛國公鄭譯有罪除名未幾復爵沛國公（考南北史地形補志時沛國領相沛蕭三縣周書鄭譯傳）冬十一月罷郡爲州從蘇威之言也以沛直隸徐州（通鑑乾隆舊志）

文帝開皇十年　八月上柱國沛國公鄭譯卒隋書文帝紀

煬帝大業三年　改州仍爲郡沛縣復屬彭城郡時鄭帝王世充僭號於彭城復置徐州行臺乾隆志

唐徐州彭城郡　沛縣武德四年置屬徐州改元和郡縣志有微山泗水泡水縣理城有故留城故沛宮與今縣界相仿

高祖武德四年　王世充得徐州五月王世辯以徐州降唐書任瓌傳並通鑑

太宗貞觀三年　五月徐州蝗秋徐州水唐書五行志

貞觀十三年　冬十二月詔徐州等州並置常平倉唐書太宗紀

貞觀十六年　夏徐州疫秋徐州大水唐書五行志

高宗龍朔元年　九月壬子徙封潞王賢爲沛王唐書高宗紀

元宗開元十三年　冬十一月丁酉賜徐州等州父老帛唐書元宗紀

元宗天寶七年　五月詔歷代帝王肇基之處未有祠宇者所在各置一廟沛縣漢高祖廟以張良蕭何爲配唐書元宗紀

德宗貞元八年　徐州平地水深丈餘害稼溺死人漂沒廬舍唐書德宗紀並新唐書五行志

憲宗元和十年　王智興嘗以徐軍抗李納累歷滕豐沛狄四鎮將時李師道頻出軍侵徐智興以步騎抗賊賊將王朝晏以兵攻沛智興擊敗之朝晏自沂以輕兵襲沛夜戰狄邱復破之唐書王智興傳

元和十一年　夏四月丁巳以徐宿饑賑粟八萬石唐書憲宗紀

元和十三年　王師誅李師道王智興率徐軍八千次湖陸唐書王智

興傳

文宗太和三年　四月徐州大水害稼唐書五行志

宣宗大中十二年　八月徐州等州水深五丈漂沒數萬家唐書五行志

懿宗咸通四年　七月徐州大水傷稼唐書五行志

咸通九年　十月龐勛遣僞將軍屯豐沛蕭以張其軍仰碭山等十餘縣帝命康承訓爲徐泗行營都招討使更以泰寧節度使曹翔爲北面招討使屯滕沛唐書康承訓傳

咸通十年　六月朝廷復以將軍朱威爲徐西北面招討使將兵三萬屯於蕭豐之間曹翔引兵會之秋七月翔拔滕縣進擊豐沛沛縣裨將朱玫舉城降于翔通鑑府志朱玫作宋威　十月戊戌免徐州

等州三歲稅役唐書僖宗紀

僖宗中和四年　九月己未就加朱溫檢校司徒同平章事封沛郡侯食邑千戶光啟中進封爲沛郡王舊五代史梁太祖紀

昭宗乾甯四年　二月徐州沒于全忠唐書昭帝紀

昭宗天祐四年　十二月朱瑾自與河東將史儼李承嗣在豐沛搜索糧饋以給軍食五代史並通鑑

五代　梁　徐州　沛縣沛縣舊城志據新五代史職方考梁唐晉漢周俱有其地惟稽查各書徐州以東邳睢各邑即爲吳南唐之地則徐沛等縣乃是五代之邊界此武甯節度使所以爲一時之重鎮也

唐明宗長興三年　六月甲子徐州等州大水五代史明宗紀

晉高祖天福二年　四月徐州旱五代史晉祖紀

天福七年　八月徐州蝗五代史晉高祖紀

周世宗顯德五年　五月徐宿等州所欠去年夏秋稅物並與除放五代史周世宗紀

顯德六年　二月庚辰發徐宿等州丁夫數萬濬汴河五代史周世宗紀

宋徐州京東路彭城郡　沛縣宋史地理志沛縣屬彭城郡武甯節度使致太平寰宇記沛縣有古偪陽國地有泗水泡水微山沛宮泗水亭留城歌風臺張良墓仲虺廟與元和郡縣志略同惟合鄉在嶧縣偪入沛縣未免歧訛

太宗太平興國八年　夏河決滑州徐沛大水乾隆志

太宗淳化二年　徐州等州旱宋史太宗紀

真宗大中祥符二年　七月徐州大水五行志　乙亥蠲徐州水災田租宋史真宗紀

真宗天禧三年　夏河決滑州徐沛大水乾隆舊志

真宗乾興元年　二月詔徐州賑貧民宋史真宗紀

仁宗皇祐三年　正月詔徐宿等七州軍采磬石（宋史食貨志）

神宗熙甯二年　夏四月甲午定徐州等州保甲（宋史神宗紀）

熙甯十年　秋河決澶州徐沛大水（乾隆舊志）

徽宗建中靖國元年　沛縣禾合穗（宋史五行志）

南宋高宗紹興十年　八月乙亥韓世忠圍淮陽軍不克庚辰金人及酈瓊合兵駐於千秋湖陵韓世忠遣統制劉寶等夜襲取之（宋史高宗紀）

紹興十一年　十一月辛酉與金國和議成立盟書約以淮水中流畫疆（宋史高宗紀）

金

山東西路滕州　沛縣（金史地理志沛有微山泗水泡水溮水接沛地自古以來間有兵革不知河患自金明昌中黃河南北分流而銅沛豐碭迭擾河患自此徐方不能安枕矣）

宣宗貞祐二年宋寧宗嘉定七年時金山東河北諸郡失守惟徐邳等數城僅存命僕散安貞爲諸路宣撫使安集遺黎金史宣宗紀

宣宗興定五年宋寧宗嘉定十四年十一月辛丑金詔蠲除徐邳等州逋租官民有能墾闢閑田除來年科徵金史宣宗紀

哀宗天興二年宋理宗紹定六年正月以完顏仲德行尚書省於徐州車駕至歸德遣人與國用安通問縣人卓翼孫璧冲者初投用安封翼爲東平郡王璧冲博平公升沛縣爲源州已而翼璧冲來歸金仲德畀之舊職令統河北諸砦行源州事金史完顏仲德傳七月金徐州行省完顏賽不以州糧乏遣郎中王萬慶會徐宿靈璧兵取源州令元帥郭恩統之至源州城下敗績而還再命卓翼攻豐縣破之郭恩與河北叛將郭野驢背謀歸國用安見徐州

空虛約源州叛將麻琮內外相應十月甲申襲徐州行省完顏賽不死之金史完顏賽不傳

天興三年是歲金亡正月元兵圍沛國用安往救之敗走徐州金史國用安傳

元將張榮甲午攻沛沛拒守稍懈其守將蘇克原作唆蛾夜來擣營榮覺之蘇克返走率壯士追殺之乘勝急攻城破元史張榮傳

元 濟州 沛縣元史地理志至元二年省入豐縣三年復置八年隸濟甯府十三年屬濟州自是由元逮明黃河之患無歲無之地漸凋敝矣

元太宗七年 移滕州治沛縣乾隆舊志

憲宗二年 滕州廢復為縣乾隆舊志

世祖至元二年 十二月徐邳等州蝗是年省入豐縣次年復置元史地理志

至元八年　升古濟州爲濟寧府治任城沛縣改屬濟寧府（元史地理志）

至元十二年　以任城當要衝復立濟州屬濟寧路而任城廢沛屬濟州（元史地理志）

至元十七年　八月濟甯等路水（元史五行志）

至元十八年　濟寧府始升爲路濟州隸焉沛縣屬如故（元始托音色辰傳乾隆舊志）

成宗元貞二年　六月濟甯沛縣水（元史五行志）

成宗大德五年　六月濟甯等郡水（元史五行志）

武宗至大元年　七月濟甯路雨水平地丈餘（元史五行志）

至大四年　六月濟甯諸州水給鈔賑之（元史武帝紀）

仁宗延祐元年　閏三月濟甯路霜殺桑無蠶（元史五行志）

延祐六年　六月濟甯路大蝻害稼（元史五行志）

泰定帝泰定二年　六月沛縣水（元史五行志）

泰定帝致和元年　六月濟甯等郡二十縣大水（元史五行志）

文宗天曆二年　八月乙巳賜御史中丞史惟良沛縣地五十頃（元史文宗紀）

順帝至正四年　五月大雨黄河暴溢決白茅隄豐沛大水（舊志）徐州大饑人相食（元史五行志）

至正七年　二月河南山東盜賊蔓延濟甯滕邳徐州等處（元史順帝紀）

至正九年　夏五月白茅河東注沛縣遂成巨浸（元史順帝紀）黄河入

沛始此

至正十五年　閏月壬寅以各衛軍人屯田元史置軍民屯田使司於沛舊志

至正十七年　秋七月鎖守黃河義兵萬戶田豐叛陷濟甯路分省右丞實勒們遁元史順帝紀

至正十八年　二月壬午田豐復陷濟甯路元史順帝紀

至正二十七年　十二月丁未明兵取濟甯路陳秉直遁元史順帝紀

明　南京徐州　沛縣明史地理志沛屬徐州南有大河東有泗水白山東魚臺縣流入泡河在西薛河在東昭陽湖在縣東東北有夏鎮

太祖洪武二年　遷縣治於泗水西滸乾隆舊志

洪武二十一年　秋七月甲午除徐州蕭沛等四縣夏稅湯明史太祖紀

災

洪武二十四年　徐沛大饑民食草實明史五行志

惠帝建文三年　夏五月甲寅盛庸等斷燕糧道時大軍駐德州運道出徐沛間六月壬申燕王棣遣李遠以輕兵六千詐爲大軍袍鎧人揷柳一枝於背徑渡濟甯沙河至沛人無覺者焚糧艘數萬河水盡熱魚鱉皆浮死明史惠帝紀　秋詔設豐沛軍民指揮使乾隆舊志

建文四年　正月甲辰燕王棣兵攻沛縣知縣顔伯瑋遣人至徐告急援不至伯瑋誓必死棣兵入東門指揮王顯迎降伯瑋死子有爲亦死主簿唐子淸典史黃謙俱死

成祖永樂十三年　徐州暨諸屬縣饑乾隆舊志

宣宗宣德七年　沛大蝗巡撫曹洪奏蠲沛租乾隆舊志

英宗正統二年　建祠祀顏令伯瑋以主簿唐子清典史黃謙配享乾隆舊志

代宗景泰元年　八月徐州平地水高一丈民居盡圮明史五行志

景泰二年　徐郡大饑發廣運倉賑濟明典彙

景泰五年　知縣古信修縣志舊志

憲宗成化元年　徐豐沛大饑乾隆舊志夏甯攷滿入都言徐州旱澇民不聊生饑餒切身必爲盜賊乞特遣大臣鎮撫蠲租發廩明紀憲宗紀

成化七年　沛縣水明政統宗

孝宗弘治十六年　築金溝昭陽湖堤金溝堤五里昭陽湖堤三十里

弘治十七年　巡撫張縉以州邑比罹河患賦役繁重特爲奏免養馬（乾隆舊志）

武宗正德二年　黃河徙入沛縣泡河漂民廬舍損禾稼（乾隆舊志）

正德六年　流寇餘黨掠沛（乾隆舊志）

正德七年　秋沛豐大水（乾隆舊志）自是歷年沛豐均罹水患民不聊生（乾隆舊志）

正德十年　六月沛豐大水有二龍鬬於泡水（乾隆舊志）

正德十一年　織造中官史宣過沛縣索輓夫知縣胡守約不遂其欲宣誣奏於朝逮守約錦衣衛獄（明帝紀）

正德十四年　冬十月武宗南巡狩過沛晏邑太學生趙達家過廟道口晏宋氏樓（乾隆舊志）

世宗嘉靖二年　沛河決塞運道壞廬舍民多流亡（乾隆舊志）

嘉靖四年　沛大蝗無禾（乾隆舊志）

嘉靖八年　沛大水舟行入市平地沙淤數尺（乾隆舊志）

嘉靖十一年　知縣楊政均平地糧（有碑豎福德祠）秋八月建譙樓行人孫世祐有記（乾隆舊志）

嘉靖十四年　疏沛水出泡河達于泗是歲勅建昭惠祠成（乾隆舊志）

嘉靖二十一年　夏沛大霖雨如注晝夜不息湖河並溢水深數尺居民禾稼傷者過半（乾隆舊志）

嘉靖二十二年　春修縣志成　築土城成　冬沽頭城成

嘉靖二十六年　築磚城成（知縣周涇）　遷社稷壇　建義倉

嘉靖三十一年　春沛饑（乾隆舊志）

嘉靖三十二年　春沛大饑人相食乾隆舊志

嘉靖四十三年　春開湖柴禁　秋大水

嘉靖四十四年　秋七月河決沛縣上下二百餘里運道俱塞散漫湖陂達於徐州浩渺無際明紀　徐蕭沛豐大水民饑乾隆舊志

穆宗隆慶二年　元日沛豐大風拔樹八月大風雨三日夜壞居民廬舍禾稼乾隆舊志

隆慶三年　秋七月壬午河決沛縣自考城虞城曹單豐沛至徐州壞田廬無算明史穆宗紀

隆慶四年　秋大水入市乾隆舊志

神宗萬歷二年　夏沛雨雹傷稼乾隆舊志

萬歷四年　九月河決沖及沛縣縷水堤田廬漂溺無算　冬十

月乙亥賑徐州及豐沛睢甯等七縣水災蠲租有差明史神宗紀沛

有鶖鳥攫取民男婦冠舊志

萬曆五年　春築護城堤知縣馬朗秋八月河復決宿遷沛縣等縣兩岸多壞

萬曆六年　十二月沛豐大雪二十餘日舊志

萬曆七年　夏麥秀三歧多有至五歧者五月雨雹傷麥乾隆舊志

萬曆九年　春均丈田地歸并里甲徙昭惠祠乾隆舊志

萬曆十一年　五月沛大旱乾隆舊志

萬曆十四年　夏疫

萬曆十六年　春饑

萬曆十七年　夏鎮土城成

萬曆二十一年　沛豐苦霖雨凡三月人有食草木皮者乾隆舊志

萬曆二十二年　春饑疫截漕發帑以賑

萬曆二十四年　秋蝗

萬曆二十五年　春修學宮知縣羅士學夏四月修縣志立微子祠父老云邑東半里許有微子廟久沒於水羅士學訪得其處特建廟祀之七月建護城堤東西二口閘知縣羅士學八月修顏公祠地震三日水涌九月十一日地復震

萬曆二十七年　浙江民趙古元至徐謀作亂豐沛人多有從者未及發兵備郭光復捕獲誅之徐州舊志沛婁雙歧舊志

萬曆二十八年　春正月十二日淮西兵備副使郭光復擒逆黨誣化鯨邑中戕殺化鯨逆[illegible]湯人逆一不萬也居豐倍嶽台集與沛少壯一一不謀凶不軌欲首事中原賄裝逆黨徐豐沛株連甚結作在面見化鯨姻家常嫡然者亦城中僞稿及所首其謀於官詳見光復所刻已庚夜御錄[illegible]見

均丈邑地邑地自知縣周治升均後歉減於舊邑民包賠告優歲無寧日知縣羅士學忠之因復丈量得侵欺之地甚多均乾隆舊志

萬曆三十一年　五月河決沛縣四鋪口大行隄陷縣城灌昭陽湖入夏鎮橫衝運道豐縣被浸明紀　秋大疫病死數千人乾隆舊志

萬曆三十二年　春發臨德二倉漕米來賑鄰總河李化龍請　濬泇口河

夏大疫濬黃河總河李化龍　秋七月河決趙莊口復決新洋廟口

萬曆三十三年　春修護城堤知縣李汝讓　遷縣治於城北隅冬十月

濬黃河總河漕時聘役直隸山東河南夫二十萬人閱六月工始告成

萬曆三十四年　春修學宮李汝讓　刻沛志成

萬曆三十五年　夏四堡堤成先是癸卯秋河決朱旺口直射太皇堤衝決沛城四堡以東者闕陵一里至是汝讓修補之

萬歷三十六年　夏繫水堤成　堤爲癸卯秋河水所破者數百處至是補完之

萬歷三十七年　春飛雲橋成

萬歷四十一年　夏五月麥大稔　斗麥銀二分　秋大水　時霖雨水與堤平堤幾潰

萬歷四十二年　秋七月雨雹傷禾

熹宗天啟元年　冬有星大如斗光燭上下起東北至西南滅

天啟二年　春二月六日夜半地震有聲如雷雞犬皆鳴六月妖賊陷夏鎮賊首徐鴻儒衆至數萬連陷山東諸縣時神機營都督蕭如薰鎮徐州賊攻沛縣知縣林如翥堅守不下　明紀熹宗紀

天啟四年　夏五月麥大稔九月賊擁衆攻沛縣沛人禦之遂掠南關而去　舊志引州志

天啟六年　夏蝗是歲自春至夏多雨蝗起徧野損田禾十之七

八乾隆舊志

天啓七年河決沛縣明史熹宗紀

懷宗崇禎元年　夏夕有聲如雷起自西南時天晴無雲或謂天鼓鳴乾隆舊志

崇禎二年　秋沛霖雨大水乾隆舊志

崇禎三年　夏烈風雨雹秋霖雨田禾盡沒冬無雪乾隆舊志

崇禎四年　春旱秋大雨夏秋之際淫雨連旬至是黃河決新洋閘水大至堤幾潰

崇禎七年　夏六月甲戌河決沛縣明史莊烈帝紀

崇禎八年　春流寇犯碭山邑中戒嚴乾隆舊志

崇禎九年　正月己巳闖賊東奔宿州突入沛縣焚戮婦豎掠其精壯入營中乾隆舊志

崇禎十一年 夏蝗食盡田禾

崇禎十二年 夏蝗食盡田禾秋八月盜自西北來嘯聚湖中比暮抵關廂恣意焚掠城中斷橋閉門冬兵亂（乾隆舊志）

崇禎十三年 春盜復掠關廂夏大蝗冬饑人相食斗麥千錢非持梃不敢晝行或以子婦易飯一餐（乾隆舊志）

崇禎十四年 春二月盜陷夏鎮工部員外郎甯繼蘭走入縣城焚掠南關而去時守城兵刃徧生火光（乾隆舊志）夏五月盜復入夏鎮沂州指揮使韋祚興擊破之是年大疫蝗冬大饑（乾隆舊志）

崇禎十五年 春旱昭陽湖水涸秋霖雨昭陽湖水溢土寇紛起張方造王善道等嘯聚河北掠豐沛程繼孔等盤踞鐃山一帶四出焚掠副使何騰蛟率兵平河北盜招繼孔就撫（南略）

十二月丁卯清兵破夏鎮丙子攻縣城有流寓人童彦甫出諭大兵乞和乃解去乾隆舊志

崇禎十六年　春正月庚子雷壬寅又雷旱夏六月有星大如斗自東南至西北滅聲如雷秋九月地震有聲冬十二月地復數震

崇禎十七年　春三月流寇陷京師邑中大亂夏五月知縣李正茂遁秋七月主簿鄧橋以縣印奔淮安九月徐州兵亂十月清楊方興委魚臺人胡謙光來署縣事人始奉正朔乾隆舊志

清　徐州　沛縣時徐州爲直隸州屬邑銅沛豐碭蕭五縣自雍正十年升徐州爲徐州府兼轄邳宿睢自是徐州府屬沛縣

世祖順治元年　五月明分江北爲四鎮高傑轄徐泗以徐州蕭

碭豐沛十四州縣隸之明史史可法傳明季南略

十月清兵南下豐沛降乾隆舊志

順治二年　夏六月大風拔樹大雨壞田禾廬舍秋清兵由夏鎮河道南下河決劉通口邑中大水乾隆舊志

順治五年　秋湖陵賊長驅抵沛城徐州副將周維墉擊敗之舊志

順治六年　六月旱秋地震九月協漕將軍孫塔率剿湖陵賊渠魁劉三奇及子姓莊客悉誅之擄婦女歸十一月山東餘寇焚掠夏鎮乾隆舊志

順治七年　夏蝗秋七月山寇再入夏鎮乾隆舊志

順治八年　春穀貴乾隆舊志

順治九年　冬饑工部主事狄敬施粥乾隆舊志

順治十七年　冬大饑知縣郭維新施粥乾隆舊志

聖祖康熙元年　秋河決香鋪口邑中大水乾隆舊志

康熙二年　夏麥大稔乾隆舊志

康熙三年　夏穀賤斗值銀二分　冬有星孛于東南方乾隆舊志

康熙七年　夏六月甲申地震有聲公私廬舍傾圮幾盡民人有壓死者冬大雪深五六尺乾隆舊志

康熙十年　秋八月癸卯地震冬大雪乾隆舊志

康熙十三年　夏旱乾隆舊志

康熙十五年　夏大雨雹秋九月雷乾隆舊志

康熙十六年　夏沛大雨雹有巨如升斗者乾隆舊志

康熙十七年　春隕霜殺麥秋大水冬沛饑乾隆舊志

康熙十八年 夏旱地震秋水比年報災皆照被災分數蠲免錢糧乾隆舊志

康熙十九年 夏五月辛丑大雨徹秋霖雨如注月餘平地水深尺許冬無雪乾隆舊志

康熙二十一年 春正月地震夏旱秋水乾隆舊志

康熙二十二年 夏四月迄六月不雨秋大水乾隆舊志

康熙二十三年 春大饑秋大水乾隆舊志

康熙二十四年 沛縣饑通志舊志

康熙二十五年 是年旱沛縣秋災又蠲免沛縣地丁錢糧仍賑濟饑民通志舊志

康熙二十八年 春正月丙子雷雹夏六月大雨水無禾乾隆舊志

康熙二十九年　春大饑巡撫僉都御史洪之杰來賑秋蝗牛大疫 乾隆舊志

康熙三十年　夏四月麥秀雙歧秋沛有虎 乾隆舊志

康熙三十二年　春二月壬辰大風霾晝晦秋大水 乾隆舊志

康熙三十三年　春正月己酉雷雹 乾隆舊志

康熙三十四年　夏四月丁酉地震 乾隆舊志

康熙三十五年　夏四月甲午地震秋大水爲災冬饑是歲未完錢糧盡蠲 乾隆舊志

康熙四十年　夏旱秋沛大水自是連三年皆水 府志

康熙四十三年　沛大饑人相食已大旱疫 乾隆舊志

康熙四十四年　六月龍見沛東北郊首尾畢露 乾隆舊志

康熙四十八年 春正月迅雷三月大雨六十日五月無麥六月
大水民多流亡或群聚爲盜 乾隆舊志

康熙五十一年 沛大水 乾隆舊志

康熙五十四年 秋沛大水 乾隆舊志

康熙五十五年 春旱夏五月大雨迅雷一晝夜冬十月地震 舊志

康熙五十六年 沛饑 舊志

康熙五十七年 蠲免沛縣上年被災地丁并湖租銀三千二百
餘兩 通志

康熙六十年 三月沛猶大寒井凍不可汲歲大饑 通志 舊志 八月蠲
免沛縣地丁銀二千一百餘兩 通志

世宗雍正五年 秋淸水套決淹護城堤壞民廬舍塞城門乃免

自是連三年大水徐志

雍正八年　大水無麥無秋歲大歉次年春大饑秋徐州豐沛蕭碭五州縣及徐州衛災通志

雍正十年　春沛令施霖重築護城堤邑紳郭從儀等捐金監修沿堤植柳萬餘株通志

高宗乾隆四年　大水賑

乾隆五年　秋大水賑知縣李棠修縣志成

乾隆六年　夏雨澇傷秋稼民大饑光緒志稿

乾隆十六年　秋大雨壞廬舍河湖並溢光緒志稿

乾隆二十年　大水冬沛城中外俱冰夜中冰作聲如鬼嘯雞鳴而罷凡二月餘光緒志稿

乾隆二十一年　夏大旱有青蠅結陳如密雨過大疫隨之邑人多死（光緒志稿）

乾隆二十六年　沛縣災（南巡盛典）

乾隆三十年　麥三歧多有至五歧者歲大豐秋蝗不入境（光緒志稿）

乾隆三十二年　夏大雨田中二麥半變爲草子（光緒志稿）

乾隆四十三年夏大旱大風毀房屋樹木盡拔歲大饑（光緒志稿）

乾隆四十六年　八月豫省青龍崗河決沙淤陷沛縣城倉署壇廟全行沉沒乃遷治棲山（光緒志稿）

乾隆五十一年　歲大饑斗米千錢（光緒志稿）

乾隆五十九年　六月河決豐縣注微山湖沛縣被水（南河成案續編）

仁宗嘉慶元年　六月河決豐沛等縣皆水是歲自秋至冬銅豐

沛碭賑四月南河成案續編

嘉慶二年　沛豐碭蕭皆蠲賑有差南河成案續編

嘉慶三年　碭蕭豐沛縣皆撫卹有差南河成案續編

嘉慶四年　是歲銅豐沛等縣及徐州衛皆有賑府冊案

嘉慶十二年　夏四月雨雹傷麥歲饑光緒志稿

嘉慶十七年　大旱四月霧雜傷麥是年微山湖涸民掘藕爲食銅山志

嘉慶十八年　夏大旱昭陽湖乾鄉民在留城起石歲大饑次春人多流亡光緒志稿

宣宗道光元年　夏五月疫盛行秋淫雨害禾稼光緒志稿

道光六年　六月大雨平地五尺餘田禾廬舍盡毀歲饑光緒志稿

道光七年　春水始涸蝝蝗滿野麥菽俱嚙盡歲大饑自是蝗災數年乃滅光緒志稿

道光十二年　夏淫雨百日湖水漲高八尺許抵舊縣治南田禾無一存者光緒志稿

道光十三年　春大饑麥貴每斗七百有奇疫盛行人死無數是年大雪光緒志稿

道光二十年　連年秋冬淫雨湖水漲溢東抵漕河西到大行堤光緒志稿

道光二十七年　九月地震光緒志稿

道光二十八年　麥有兩歧者歲大稔光緒志稿

文宗咸豐元年　閏八月河決豐縣蟠龍集沙淤沒栖山縣治是

年春夏間兒童成羣以高粱楷作撐船狀爲欸乃聲比秋而黃河決矣是年遷治夏鎮光緒志稿

咸豐二年　夏大水秋桃李重華冬地震民饑城外里許積冰如山光緒志稿

咸豐三年　黃河合口復決二月粵匪陷金陵邑中戒嚴匪股竄臨清州回過沛縣溺死者甚多是年疫人死過半光緒志稿

咸豐四年　二月粵匪攻陷豐沛中戒嚴冬饑光緒志稿

咸豐五年　春沛縣地震是歲河決蘭儀銅瓦廂自是徐屬各縣始免河患秋九月唐團來佔湖地光緒志稿

咸豐六年　夏旱蝗民饑秋禾秀而不實是歲趙團來佔湖地光緒志稿

咸豐七年　春大饑人相食死者無算三月暴風拔木夏麥雙歧且有三歧者是年六月捻殺知縣丁昊於燕家集光緒志稿

咸豐八年　八月初六日捻匪入沛十一月復來焚掠裹脅甚衆光緒志稿

咸豐九年　春地震七月大雨連綿湖水漲溢光緒志稿

咸豐十年　六月大雨禾多傷十一月捻匪焚掠村莊光緒志稿

咸豐十一年　三月捻匪陷夏鎮人民死傷極慘十一月復結聯東匪盤踞邑中四出掠奪村莊爇成灰燼是年復還舊治光緒志稿

穆宗同治元年　五月蝗傷禾六月陰雨八月始晴平地水深尺許九月桃李生華有實是年徐州道設局夏鎮抽收微湖蘆捐先是土著大猾袁繼昌藉辦鄉團爲名勒收貨捐旋爲徐州道查悉改歸官辦光緒志稿

同治二年　秋捻匪破大屯寨盤踞二十餘日始去光緒志稿

同治三年　五月沛旱十一月雷雨府志

同治四年　三月雨雹傷稼五月山東捻匪由曹掠沛同治府志

同治五年　十月賊首賴文洸等自曹濟竄沛入湖團同治府志

同治十年　河決山東侯家林昭陽湖漫溢成災光緒志稿

同治十二年　十月十五日暴風大起雨黑雪光緒志稿

同治十三年　八月湖水漲十月河決山東石莊戶平地水深數尺麥苗被淹光緒志稿

德宗光緒二年　麥秀雙歧歲大稔光緒志稿

光緒三年　三月雨水冰麥傷秋人多疫光緒志稿

光緒五年　春大饑光緒志稿

光緒九年　四月蜻蜓結陣多可蔽日六月大雨百日始止田禾盡淹光緒志稿

光緒十二年　夏旱九月大風暴起鐵器樹木皆生火光冬人疫牛瘟光緒志稿

光緒十四年　夏大雨經旬湖水漲禾稼被淹是年法人來設教堂於城外西關

光緒十五年　五月大雨雹

光緒十九年　春畜疫是歲撥衍聖公湖田若干頃歲折提解

光緒二十一年　五月大風拔木

光緒二十四年　夏四月大雨三晝夜平地水深數尺人民撈取麥粒多臭不可食至冬饑是年縣試廢八股文以經義策論取

【光緒】睢寧縣志稿

（清）侯紹瀛修　（清）丁顯纂

清光緒十二年（1886）刻本

祥異志　兵燹附

運有隆窊而時分治亂閱觀古往今來之際豈乏星隕兵革之災然君子不懈憂勤彌深兢惕戒履霜之漸嚴未事之防卒能化險爲夷轉禍爲福此蓋以人定勝天定也睢甯地方荒僻田土瘠磽水旱屢經干戈曾擾雖偶占豐稔詎免詠夫哀鴻近喜承平俗咸華乎佩犢而撫茲土者詎可弗居安思危以期有備而無患也哉作祥異志

五代

南唐烈祖昇元元年是年晉之徐州泰旱　通鑑

南唐烈祖昇元六年六月有蝗自淮北蔽空而至十國春秋南唐烈祖本紀

是年五月晉州郡五縣大水十八奏旱蝗舊五代史晉高祖紀

宋

太祖開寶二年睢河大水秋禾淹沒舊志

元

世祖至元三年夏五月睢水溢廬舍麥禾盡淹沒自八月至次年二月不雨靈璧志

至元二十五年三月己酉徐邳睢寧屯田雨雹如雞卵害麥元史世祖紀

成宗大德元年三月徐宿邳睢等州縣河水大溢漂沒田廬元史

五行志

大德六年五月徐邳睢甯縣雨五十日沂武二河合流水大溢元史五行志

順帝至正元年五月睢水汎溢舊志

明

太祖洪武九年夏大旱民多疫癘徐州舊志

成祖永樂十三年徐州暨所屬縣饑徐州舊志

仁宗洪熙元年大饑詔以本縣倉粟賑之明末紀事本

英宗天順年間多白雨知縣牟鴻夢二郎神詔立祠以祀之祠

成後遂少白雨之患舊志

憲宗成化六年夏旱蝗知縣何䲔禱之俄頃大雨降蝗死瑞麥登舊志

成化十七年睢甯麥一莖三岐徐州舊志

成化十九年睢甯麥一莖五岐徐州舊志

孝宗宏治二年河決原武黃水入睢西鄉田禾淹沒民多溺死舊壁志

宏治四年夏邳睢大雨雹禾稼盡傷人畜多擊死徐州舊志

宏治十四年雨雹平地五寸夏麥俱爛明史五行志

武宗正德九年睢甯旱栽穀不登徐州舊志

世宗嘉靖二年睢甯大饑人相食明史五行志

嘉靖二十三年蝗不入境麥有一莖三岐者歲大熟舊志

嘉靖三十一年秋大水禾稼盡傷舊志

嘉靖三十二年春徐蕭沛豐邳睢俱大饑人相食徐州舊志

嘉靖四十年夏大雨雹舊志

嘉靖四十三年詔准淮徐災傷漕糧改折邳州睢甯各准三分續文獻通考

穆宗隆慶三年歲大饑舊志

隆慶四年秋九月甲戌河決邳州自睢甯白浪淺至宿遷小河口淤百八十里明史穆宗紀 秋睢甯大饑徐州舊志

隆慶六年七月黃河暴漲徐碭以下悉成巨浸邳宿睢被災尤

甚 徐州舊志

神宗萬歷二年七月十五日睢甯宿遷大風雨屋瓦皆飛人畜死者甚衆 徐州舊志

萬歷四年九月河決沖及沛縣繚水隄豐曹二縣長隄豐沛徐州睢甯田廬漂沒 明紀 冬十月乙亥賑徐州及豐沛睢甯等七縣水災蠲租有差 明史神宗紀

萬歷六年秋大水民饑 舊志

萬歷九年三月十九日宿遷睢甯大風雹傷麥禾秋復大水 徐州舊志

萬歷十一年夏蝗 舊志

萬歷十二年睢甯大稔徐州舊志

萬歷二十四年大雨雹舊志

萬歷四十年邳睢河水耗竭明紀

萬歷四十一年七月河決徐州祁家店睢甯大水徐州舊志

熹宗天啟二年河決徐州小店壞廬舍睢甯民多溺死豎壁志

天啟三年九月河決徐州青田大龍口徐邳靈睢河並淤明紀

莊烈帝崇禎二年黃河大決沒睢甯城明史李若學傳

崇禎十三年大旱黃河水涸流亡載道人相食舊志

崇禎十五年有一麥三岐者有一麥五岐者舊志

崇禎十六年睢地久荒草木蒙密難開墾忽生異鼠遍野穿地

作穴草木根皆嚙斷荒地不耕自熟舊志

國朝

世祖章皇帝順治十年雷震大成殿鴟吻徐州舊志亞舊志

順治十六年四五六七月間大雨傾注平地水深數尺麥秋顆
粒無收舊志

聖祖仁皇帝康熙元年河決睢甯行水金鑑

康熙二年夏麥大稔六月睢甯雨雹如拳傷禾稼徐州舊志是年河
決睢甯行水金鑑

康熙三年河決睢甯行水金鑑

康熙四年春夏亢旱六月雨澇七月颶風大作發屋拔木河船

覆者無數徐州舊志並舊志

康熙七年六月十七日地大震土裂泉湧地起黑墳民舍傾塌傷人無算十九夜星隕如炬天鼓鳴舊志

康熙八年七月初六日烈風暴作樹木禾稼俱傷舊志

康熙十一年七月癸丑有龍十餘自東而西經睢甯城去地僅十餘丈徐州舊志

康熙十四年河決睢甯花山等處行水金鑑並舊志

康熙十五年正月迅雷燃民間積薪劉志

康熙十七年十二月睢甯雨土地成錢形肉好皆具徐州舊志

康熙二十二年春霪霧麥盡枯睢甯亦大饑是年睢甯疊雨黃

黑丹霜江南通志徐州舊志

康熙二十四年邳宿水睢甯霪澇歲饑民鬻子女通志徐州舊志

康熙二十八年睢甯夏秋霪雨平地水深二三尺歲饑通志

康熙三十年春宿遷大旱睢甯饑賑濟宿遷饑民通志

康熙三十九年七月邳州宿遷睢甯大雨三晝夜平地水深數尺徐州舊志是年睢甯有五龍吸水於河通志

康熙四十二年睢甯災通志徐州舊志

康熙四十四年睢甯災徐州舊志

康熙四十八年夏秋霪雨麥秋無收春冬人民饑死無算舊志

康熙五十一年沛睢甯大水徐州舊志

康熙五十二年夏睢甯大水徐州舊志

康熙五十三年春旱舊志

康熙五十四年秋沛睢甯大水徐州舊志

康熙五十五年秋有蝗不入睢甯界通志徐州舊志

康熙五十六年大熟舊志

康熙五十七年春旱舊志

康熙六十年歲饑采訪

世宗憲皇帝雍正三年六月河決睢甯宿遷被水通志續行水金鑑

雍正七年九月毛城鋪黃水入睢豎璧志

雍正八年邳宿睢大水河復溢睢甯徐州舊志宿遷志

雍正十一年秋黃水入盱田禾被淹盱眙志

高宗純皇帝乾隆四年夏雨澇傷稼民饑采訪

乾隆六年夏雨河溢傷稼采訪

乾隆十三年黃水入盱禾盡淹沒歲大饑采訪

乾隆十四年饑采訪

乾隆十六年饑采訪

乾隆十九年饑采訪

乾隆二十二年大水采訪

乾隆二十三年饑采訪

乾隆二十六年沛縣睢甯災南巡盛典

乾隆四十五年七月河決睢甯南河成案

乾隆四十六年六月河決睢甯河渠志稿

乾隆四十八年河決黃家馬路睢水古道全沒采訪

乾隆四十九年旱饑采訪

乾隆五十年春旱地震四月大黑風麥禾俱傷歲大饑采訪

乾隆五十一年春大饑斗米千錢夏大疫采訪

乾隆五十二年有蝗傷麥采訪

乾隆五十四年五月河決睢甯宿遷被水南河成案

乾隆五十五年六月河決碭山水入睢境采訪

仁宗睿皇帝嘉慶四年水災采訪

嘉慶五年九月河溢采訪

嘉慶七年九月河溢采訪

嘉慶十年旱采訪

嘉慶十一年七月河決睢甯南河成案續編

嘉慶十五年一日風赤如血以下俱采訪

嘉慶十七年大旱

嘉慶十八年大雨雹

嘉慶二十一年饑

宣宗成皇帝道光元年五月大雨傷禾稼民饑疫

道光二年城北劉姓妻一產三男

道光五年六月大水平地深一二尺禾稼皆傷

道光六年儒學宮竹生花

道光九年十月地震

道光十年四月陰雨十四日麥多苗而不實閏四月地震

道光十一年八月地震

道光十二年夏秋大水冬大饑

道光十三年春大饑疫

道光十四年地生豬毛長寸許

道光十七年狂風毀民間房舍樹木

道光十八年大熱

道光十九年夏大風天黑咫尺不能辨一日餘方息

道光二十一年秋地生豬毛拔之多刺手月餘乃滅

道光二十三年滿地作錢形

道光二十五年大水

道光二十六年地震

道光二十七年九月地震

道光二十八年大水

道光二十九年六月蝗不爲災

道光三十年黃豆實如人首耳目皆備李樹結子如黃瓜狀

文宗顯皇帝咸豐元年自正月朔至二月望每日暴風日赤無

光秋大水田禾無收

咸豐二年春饑疫夏霪雨八十餘日田禾盡没冬地震桃李華

咸豐三年春大饑人相食三月地震竹生花

咸豐四年二月日色赤如血

咸豐五年夏旱蝗蝻作秋大水

咸豐六年夏旱蝗又作

咸豐七年春饑

咸豐八年八月彗星出張翼間夕見西方晨見東方秋飛蝗蔽日禾稼盡傷

咸豐九年歲熟豐收

咸豐十年夏大雨田水高二三尺許

咸豐十一年春大饑二月白氣亙天如虹五月彗星見乾方光芒昏怒終夜不沒

穆宗毅皇帝同治元年四月颶風作二麥盡傷八月彗星見北斗上光丈餘月餘始滅十一月雷電自東南來

同治四年春大雨雹五月十三日天鼓鳴秋大水桃李華十二月迅雷大雪

同治五年秋大水禾麥盡淹

同治六年春饑疫盛行秋大水十月桃李華

同治七年春漲水二麥寡收秋熟

同治八年歲大熱
同治九年四月雨雹大如雞卵積二寸秋彗星見東南方九十月大水
同治十年牛瘟山東侯家林決口水至黃河北隄河北各社俱罹災
同治十一年牛瘟
同治十三年麥秀兩歧山東石莊戶決口水至黃河北岸舊郓州一帶俱罹災
今上皇帝光緒二年春饑夏大旱秋蝗
光緒三年秋蝗

光緒五年閏三月雨雹大如雞卵二麥並傷夏大雨

光緒六年大旱

光緒七年夏彗星見西方十月桃李華

光緒八年麥有一莖雙穗者夏大水八月彗星見東方

光緒九年春樹介秋大水平地深數尺

光緒十年麥秀兩歧夏旱秋大水

【順治】海州志

（清）劉兆龍修
（清）趙昌祚等纂
（清）畢秀增修

清順治十一年（1654）刻康熙九年（1670）補刻本

災異

漢永興五年春二月朐山崩

晉惠帝元康五年東海雨雹深五寸

梁武帝大同三年六月朐山隕霜

唐長慶元年二月海州海水氷南北二百里東望無際

明嘉靖二十六年五月州堂鼓無故自鳴未幾倭寇突至州判王忭千户吴維勲等勦盡

嘉靖三十二年州城南馬耳山多妖狼越食孔畜甚或入市噬民幼子知州鍾岳禱神率兵驅逐民乃寧

萬曆癸卯年火星廟一豬兩頭二尾

崇禎穿魚洞之西北峯頭峭崤崇禎十四年八月十六日時正午忽峯頭作霹靂聲白氣貫天而山崩層巒之下有小峯亦因之而擊碎三年之內則國變矣

順治十一年十二月初二日東海水凍東西舟不通六日方解

順治十七年七月十一晚大星如輪身尾數十丈自東南走西北光芒如晝是刻西南天鼓響一聲

【嘉慶】海州直隸州志

（清）唐仲冕修
（清）汪梅鼎等纂

清嘉慶十六年（1811）刻本

嘉慶海州直隸州志卷第三十一

錄第五

拾遺

祥異　軼事　博物　雜說

拾遺一

祥異

漢

昭帝始元三年冬十月鳳皇集東海遣使者祠其處漢書昭帝本紀

案今東海縣故城有鳳皇山相傳卽其處

後漢

桓帝永興二年東海朐山崩後漢書桓帝本紀

南北朝

宋後廢帝元徽三年二月甲子白虎見鬱州青冀二州刺史劉善明以獻宋書符瑞志

梁武帝大同三年六月朐山隕霜南史

魏世宗景明二年六月徐州上言東海木連理魏書靈徵志

唐

太宗貞觀十年關東及淮海旁州二十八大水唐書五行志

元宗開元十四年七月三日海潮暴漲百姓漂溺太平寰宇記

德宗興元四年四月河南淮海地生毛唐書德宗本紀

穆宗長慶元年二月海州海水冰南北二百里東望無際

唐書五行志

敬宗寶歷元年秋兗海華三州水害稼以下唐書五行志

文宗太和二年夏河南兗海等州大水開成二年三月壬申有大魚長六丈自海入淮至濠州招義民殺之六月兗海河南螟五年夏淄青兗海等州螟蝗害稼

宋

太祖建隆三年夏四月乙亥海州火燔數百家死者十八人乾德四年七月海州雷震長吏廳傷刺史欒彥超四年七月海州風雹以下宋史五行志

眞宗景德二年東海縣民時祐牛生二犢

哲宗元祐元年海州水

高宗紹興十年春有野豕入海州市民刺殺之時州已陷夏鎮江軍帥王勝攻取之明年以其郡屬金悉空其民後二十年有二虎入城人射殺之虎亦搏人明年魏勝舉州來歸亦空其民漢龔遂曰野獸入宮室宮室將空虎豕皆毛孽也

寧宗嘉定元年海州飢十六年海州新附山東民飢

元

世祖至元十五年閏十一月海州贛榆縣雨雹傷稼十七年五月漣海邳宿等州蝗以下元史五行志

成宗元貞六年十二月淮安海寧朐山鹽城等縣水大德八年八月陽曲懷仁等縣雨雹九年四月懷仁縣地震二

所涵水盡黑其一廣十八步深十五丈其一廣六十六步
深一丈
仁宗皇慶二年八月懷仁縣雨雹
文宗天歷元年海寧州水
順帝至元五年七月沂沭二河暴漲決堤防害田稼至正
二年十月海州颶風作海水漲溺死人民十四年十一月
淮安路海州地震二十六年三月海州地震如雷贛榆縣
吳山崩

明

英宗正統八年邳海二州陰霧彌月夏麥多損明史五行志
武宗正德二年六七月沭陽旱颶鼠害稼明淮安府志

世宗嘉靖三年贛榆沭陽飢人相食十八年七月大風晝晦海潮大漲二十年贛榆沭陽大水二十三年馬耳山多狼噬人知州鍾岳禱於神率兵捕之三十六年五月州堂鼓自鳴後倭寇入境州判王桂千戶吳繼勳等敗之四十年七月七日海一日三潮或以爲張朝瑞登科之祥以下俱本州縣志參閩人詮南畿志宋祖舜淮安府志

穆宗隆慶二年贛榆大雷雨平地水深三尺白黑二龍見三年大風拔木海嘯淮溢沭水溢涌民附木棲止多溺死

明裴天佑鬻兒行拙逸亭稿

風淒淒雨蕭蕭潑烟寂寞兩三朝去年水澇今年旱官租私負何曾饒身無完衣肌膚露日不再食形容憔索

食稚子牽衣哭左支右調情無聊門外青衣接踵來稅
權徭役並相催男子但云怕箠楚婦人啓說且逃開文
戀家鄉不忍離商量割愛鬻嬰兒嬰孩生長纔十歲豪
家買去與緡錢青蚨何難棄何易貧兒不異犬與豭兒
閭相别淚不乾母見兒行號蒼天捫胸頓足僵復起悲
風流水聲潺潺夫反勸妻休痛哭輸租供役分當然及
到使官門遷延不引見府胥索秤頭隸卒需酒饌浮費
十二三追呼猶未已俯仰有誰憐愁生不如死死者無
知亦無憂生者饑寒竟流徙君不見纍纍餓死田間瀆
殘骸枯骨無人收草根木皮都食盡誰思拯救出奇謀
黄鏊河决謠呈朱明府治沭隄 沭陽縣志○（案）黄鏊句容人官沭陽訓導縣志

鍪誤作鶩所稱朱明府當是主簿朱學故詩中以沈括比之

山河水自山東來鯨波鼎沸如山頹洶湧莫辨涘與厓年年氾濫捲蒿萊水衡不管居人哀守防小吏鼻齁雷握土不塞成功難奔流如矢去不迴坐見官租泥沮埋流亡之宅徧生苔横索吏人夜喧豗在昔有人位上台簿領功存沭水隈當下是誰復與儕百渠九堰等塵埃賢哉我侯鄭白才寸心種種憂民懷鳩集經營肩相陪隄成無慮霪霖災禾黍於今成甦來沭水直下通長淮哀鴻久去當復回村村穫稻醸春醅婆娑芳籟上君杯

五年沭陽大水壞城郭平地行舟六年贛榆沭陽地震

神宗萬歷元年沭陽大風雨屋瓦皆震十年七月海州大

風雨海嘯漂溺人畜無算是歲沭陽大旱蝗贛榆民張施家牛生麟一角麕身牛尾馬蹄俄死十六年贛榆沭陽飢冬不雪十七年沭陽春旱無麥至六月乃雨二十年大風雨海嘯河溢淮沭諸水並漲漂溺無算二十二年夏海州沭陽風霾蔽日久不雨六月贛榆淫雨漂禾二十三年沭陽大飢二十四年蝗海潮大上三十一年海州火星廟來一豬頭尾各二三十三年旱三十四年海州沭陽淫雨平地水深丈餘蝗三十五年旱無麥五月大雷雨風雹交作諸水皆漲三十六年海州贛榆旱無麥禾三十八年海州贛榆沭陽皆旱蝗贛榆地震四十年贛榆蝗四十一年六月大水四十三年大旱無麥八月淫雨海嘯風雹三日夜

霹靂碎石湫鎮民周望等屋震孫登父子四人贛榆沭陽
大旱人相食鬻男女道殣相望四十四年大疫
熹宗天啟元年沭陽蝗沭水泛溢二年五月沭陽雨雹大
如雞子四年五年大飢六年蝗七年贛榆沭陽雨雹損禾
稼
莊烈帝崇禎三年贛榆沭陽地震有聲如雷七年河決沭
陽被水十二月雷九年沭陽贛榆蝗贛榆忽來鶖千羣食
蝗盡

明董杏靈鶖賦有序　俞志

靈鶖賦紀異也祝其僻邑天災洊臻今首夏蝗蝻孳生
忽來大鳥千羣食蝗殆盡其食也列陣而前張翼而驅

食飽而吐乃復食往歲困蝗者數矣曾未覩此鳥訊之耆舊亦未前聞嘯園主人偕友徧觀回車載賦匪能組織及古但操觚紀異傳之後禩云爾

柔兆困敦之歲月徂夏爬蝗爲災商羊見祟土脈不升穀價騰貴加之蜚鴻在野螟螣滿郊溝壑之痛慨悶悲號於時嘯園主人幾辭五斗託跡三農大懼天禍憂心忡忡有西郊主人袁疇梨子敞門倒啄若傳提壺倒屣而迎哆口而吐天災天獻汝不往覩亟問雞何靈鶖來蕎乃杖策而奔投榼而舞直抵北疆遙望如堵拭目再覩不異兵武身長八尺修頸赤眉青黑衣毛翻翅陪鶚巨觜大胡每簇千百不驅而前不令而齧蝗蝝如山靈

鳥如水比翼參譚食無噍類自辰至午方見息機回翔雲霄措矯恣睢主人仰而觀俯而泣舉爵而酹距躍以喜問之父老皓首搖頭考諸前牒曠古亦稀豈上天之愍鄙窮黎抑邑長之積愆致斯歟吾聞春秋書螽史著捕跡秉畀炎火再無遺孽蝗不入境令著三異去此災彼何得何失噫嘻遊麟來鳳徒侈厥祥雨玉雨珠貧莫爲糧何如此禽灑掃巨殃官吏慶庭農商抃野田祖有神請歌幽雅乃歌曰初發陽驕季春雨露朱夏以來蝗起如墳仰惟皇穹矜惻下民降來大鳥振翰踆跑由衍蛩蟖長喙用吞漏箭未移淨掃紛紜作賦紀實以待史臣

十三年沭陽飢斗穀五錢十四年贛榆沭陽旱蝗大疫八月十六日卓午朐山穿魚洞西北峰忽作霹靂聲白氣貫天而山崩下小峰亦擊碎十五年四月贛榆風雹殺人畜

十七年沭陽大疫

國朝

順治五年十一月贛榆地震六年八月復震七年七月贛榆海嘯九年冬沭陽地震十一年二月初二日東海冰舟楫不通十五年沭陽大水十六年贛榆海嘯沭陽大水十七年十八年淮沭並張以下俱本州縣志參高成美淮安府志趙開裕續海州志

魏正心河決詩沭陽縣志

西北山崇水勢陡飛濤決向滄溟走怪蛟鼓鬣翻平津

萬頃桑麻成澤藪潰流白晝尙可防中宵突至難施手

穉啼老哭急逃生如鳥集木蟻緣阜風樓霧處雨無衣

仰天躃地聲齊吼憶昔仲夏苦亢暘曾何涓滴沾隴畝

蝗蝻食後旱魃遺猶望西成租賦有豈知一旦付衝波

南惟歎箕北歎斗亟繪民艱報上官可能借我天瓢否

康熙元年四月贛榆大雨雹二年沭陽河四決西北水獸

出沒有火光起波上平地水深丈餘四年沭陽大水飈鼠

害稼七月初三日大風拔木民無全舍五年沭陽大水淮

沭交漲六年春沭陽大旱蝗夏大水七年六月十七日戌

時有聲從東南來如雷地大震州城屋宇多圮贛榆城崩

官廨民居盡傾惟文廟巋然獨存

倪長犀地震記 贛榆縣志

前此書震矣無記茲記者何志甚也先是苦雨幾一月是日城南渠暴漲忽涸見者異之頃雲作若大雨狀既雨殊未大而黃紫雲亘西壁由南適北聲若轆轤俄明月在天微風不作人方輕絺綏篋自命羲皇上人忽震聲發西北雷轟電迅地勢悶忽跳縱疑火疑潮而震聲坼裂聲崩梁摧壁聲折樹聲水聲風聲雞犬鳴吠聲人號哭聲呼急救聲千百齊發遠近如沸時則颶黃塵擁宿霧慘曀布天濃烟遮地前此坐月開襟者倏皆摧垣斷壁中相與爲蚍爲蜎覆之黃壤藉以濡泉矣城外舊無水忽謙水至急登陴視之水循城南汎溯洴奔駛退

則細沙膩壤悉非瀆物井水高二丈直上如噴凡河俱暴漲海反退舍三十里室自出泉寒冽不可觸裂地以丈尺計旋復合投石試之其聲空洞及旦人且詫曰神告我後十日當陷至期愚者卒奔避山上而是夜果大雨飛虹繞電天地若傾人樓樹下覗覆扉蓋笠者直大履華廡矣城北得古窯一瓦器如豆意三代以上物震出之者自是三歲卒常震居者懼覆壓編葦為屋疾壞題若陷阱焉前覆壓死者以千數乃有麵蘗生醉覆宇下者掘土出之方化蝶未返倘所謂天者非耶

是日沭陽城亦壞民無全舍大成殿獨完地裂處沙涌水飛深者數十丈二十七日海潮大上颶風挾旬知沭陽縣

梁文煥請除兩河近水地及逃亡人丁八年四月沭陽雨

血

王逋蚓菴瑣語康熙八年四月二十九日沭陽雨血塊

大者如拳小者如金錢、

十年秋贛榆大旱有蝗是年及十一年沭陽大水十二年
黃河決水由沭陽境入海沭水西溢三十五年八月十一
日大風雨州城南門內及西門外居民無全舍四十八年
大水六十一年六月十九日海嘯田爲潮淤多成斥鹵
雍正八年六月二十二日大水暴至平地深丈餘直抵城
南山麓漂民舍贛榆大雨七晝夜積水害稼九年十一月
初八日海州地震

乾隆二十年正月贛榆大雷雹雨雪七月大風雨害稼五

十一年飢春疫五月麥大熟

（清）王豫熙修　（清）張謇纂

【光緒】贛榆縣志

清光緒十四年（1888）刻本

光緒贛榆縣志卷之十七

雜記

祥異

宋

後廢帝元徽三年二月甲子白虎見鬱州青冀二州刺史劉善明以獻宋書符瑞志

魏

世宗景明二年六月徐州上言東海木連理魏書靈徵志

唐

穆宗長慶元年二月海州海水冰南北二百里東望無際唐書五行志

宋

眞宗景德二年東海縣民時祐牛生二犢宋史五行志

元

世祖至元十五年閏十一月雨雹傷稼

成宗大德八年八月雨雹九年四月地震二所湧水盡黑其一廣十八步深十五丈其一廣六十六步深一丈

仁宗皇慶二年八月雨雹

順帝至元二十六年三月吴山崩

明

世宗嘉靖三年饑人相食二十年大水十年縣民許昆家生男首

二角三目一目在額衆之十日死

穆宗隆慶二年大雷雨平地水深三尺白黑二龍見三年大風拔

木海嘯裘天佑鬻兒行風凄凄雨蕭蕭爨烟寂寞兩三朝去年水
潦今年旱官租私負何曾饒身無完褐體膚露日不再食
形容憔索食稚子牽衣哭左支右調情無聊門外青衣接踵來稅
糧徭役並相催男子但云怕箠楚婦人密說且逃開又戀家鄉不
忍離商量割愛鬻嬰兒嬰孩生長纔十歲豪家買去與緡錢育發
何難棄何易貧兒不異犬與豚兒聞相別淚不乾母見兒行說皆
天摑胸頓足僵復起悲風流水聲潺潺夫反勸妻休痛哭輸租供
役分當然及到使官門還走不引見府胥索秤頭隸卒需酒飯浮
費十二三追呼猶未已俯仰有誰憐愁生不如死死者無知亦無
憂生者饑寒竟流徙君不見纍纍餓死田間溝殘骸枯骨無人收
草根木皮都食盡
誰思拯救出奇謀諸生王結家牛孕一卵巨如鵝子色青黑破之

皆水六年地震

神宗萬歷十年七月縣民張施家牛生麟一角麕身牛尾馬蹄俄

死十六年饑冬不雪二十二年六月淫雨漂禾三十四年三十五
年
嘉慶州志此二年海州沭陽淫雨旱無麥而不及贛榆以舊志
穀後鬻兒行欽攷之知志失載也舊志穀後鬻兒行前隆慶己
巳庚午間民生大困裴光祿公作鬻兒行賢令樊公採入邑乘識
之座右後萬歷丙午丁未民生覩己巳庚午間更困余作後鬻兒
行邑令如樊則知我不知則罪我奚有夫與婦貧且愚能饑能寒
五十餘垂老一兒甫七歲忍饑哺之珠不如有身有儲銀五錢粉
身以完身難捐夫婦正在躊躇間門外忽聽青衣喧夫婦聞之號
且悖頓足捫心莫知計止有一計可商量剜心頭肉醫眼瘡給兒
出門示來使夫婦含悲議賣子子賣與人猶得生我身到官我身
死我死母子命亦摧三口溝中一切灰不如賣子完官錢兩口殘
身且苟延夫婦將兒呼入局我有言詞爾當領爾生七歲未到城
且隨我看城中景癡兒聞之笑且怡爺負娘懷兒去來到城不識
人桎梏問爺與娘此何俗爺娘見之心暗酸慟殺癡兒向天哭阿
爺不畏此等刑忍賣爾身爲人僕行行忽到富人門父進手持賣
子文主問子年止七歲照歲與之七百緡父嫌價少再求加無柰
青衣門外譁劵交價受心悲哽母向攜兒門外等兒見銅錢喚阿
爺猶乞爺錢買果餅爺慟與之錢百箇攜兒入戶淚横頰夫妻齊
跪主人翁兒幼無知恐懶惰猶犬之食常記與鞭箠之下救小過

兒兒方知已賣身攛入娘懷欲斷魂娘傍兒甦更諄囑為救爺命
不須哭倘遇饑寒當自保不比爺娘置爾腹伏事人家要小心遵
楚遺鑴我不聞我縱聞之徒刺心語罷放聲哭出門兒猶追母牽
其襟母解兒手問夫去柔腸寸斷行復住夫妻十步九回頭回頭
不見兒兒何處錢完徭役到官司官猶震怒嫌其遲一賣兒指望官刑
免誰知子賣仍鞭笞帶傷餓飢走出縣前錢不滿一百片易米與
薪攜回家五日今朝幾一飯乞得鄰家新火來飯熟呼兒兒不見
夫婦號咷魂欲飛魂歸不見嬌兒面置箸悲號直僵倒土坑相偎
覆破衾半寢半醒手攫兒摟兒不著哭到曉列曉鄰家來止哭勸
爾夫婦且食粥十家屈指九家逃一村不滿三家屋張賣男兒李
賣女賣兒不獨爾身苦賣兒完得爾身徭恕爾族徭要爾包一言
未畢使者至火票包賠待票尚左鄰右舍皆驚散夫婦無言腸寸
斷夫急倉皇欲自繫妻亟止夫再為計兒雖賣去妾尚存再賣奴
身或有搢夫聽妻言心若摧再賣爾身我靠誰使者須臾不肯待
過之到縣將妻賣妻頭插標過兒門恐兒見之傷其心疾走過門
但含淚不聽兒聲心又碎身役賣子不勝悲又為宗徭賣老妻老
妻縱賣能幾何安得將身脫網羅夫妻尋到富門首富家老僕喪
其偶爾願配之立婚書爾若不願別處走夫聽配僕不忍賣妻勸
夫君蚤劬愛一時拿爾到官庭賣我不及爾遭害丈夫含淚立文
券夫婦之恩從此斷止為宗徭賠一金百年恩愛兩離分兒為爺

差賣已苦妻爲宗徭賣身補甃甃鎖獨何所依鐵石人心也要超將金賠完仍被刑十指露骨血瀝股賣兒被杖妻憐憫妻賣歸來形弔影指折股顫倩誰扶歸到貧家無人等入門不見妻與兒牆頭一撞昏不省鄰人忙來扶之起喚回遊魂來復體放聲一哭天地昏鄰人見之淚不已眾人哭罷共商議保爾此生有何計身徭戶賦已難支里中差徭仍爾累累甲之差再賣賠妻兒已賣作何抵鬻妻賣子保此身誰料吾身終難濟一瓢一杖辭鄰人乞食他鄉且逃避回看墳墓泫然悲跪向鄰人求一祭鄰人哭送聲如沸日慘雲愁暗天地君今脫免我釜魚我輩從今亦長逝

三十六年旱無麥禾三十八年旱蝗地震四十年蝗四十一年大旱人相食鬻男女道殣相望四十四年大疫禾不種自生多者畝入二石五斗

熹宗天啟四年蝗七年雨雹損禾稼

莊烈帝崇禎三年四月大雨雹地震有聲如雷四年柘汪民張龍蒔瓜瓜藤忽挺出青蓮花二十餘朶六年大風雨拔木傷稼九年

蝗有鶖千羣食之盡 董杏盞鶖賦 鶖賦紀異也祝其邑天災游臻今首夏蝗蝻孳生忽來大鳥千羣食蝗殆盡其食也列陣而前張翼而聰食飽而吐乃復食往歲困蝗者數矣曾未覩此鳥訊之耆舊亦未前聞灌園主人偕友偶覩回車載賦匪能組織及古但操觚紀異傳之後觀云碩柔兆困敦之歲月徂夏肥蟓爲災商羊兒県土脈不升數價騰貴加之蜚鴻在野螟螣滿郊溝壑之瘠徽同悲號於時灌圃主人總轡五斗託跡三農大懼天禍憂心忡忡有西郊主人東疇犁子牧門剟豕若傳提喜倒屣而迎咨口而吐天災天厭汝不往觀亟問維何靈鶖來翥乃杖策而奔投楂而舞直抵北疆遙望如堵拭目再覩不畏兵武身長八尺修頸赤眉青黑衣毛翮翩陸鯢巨鬣大胡每饌千百不驅而前不令而肅蝗蝝如山壘鳥如水比翼參譚食無噍類自辰至午方見息機回翔雲霄拮嬌恣雖主人仰而觀俯而泣舉爵而醉距躍以喜問之父老皓首摒顒耆諸前牒贖古亦稀豈上天之愍卹窮黎抑邑長之精虔致斯歟吾聞春秋書螽史著摘跡乘界炎火再無遺策蝗不入境令著三異去此與彼何得何失嘻嘻遊驟來鳳徙侈厥祥雨玉雨珠貧莫爲糧何如此食盡掃巨殃官吏慶庭農商忭野田祖有神請歌幽雅乃歌曰初春陽驕季春雨靈朱夏以來蝗起如墳仰惟皇穹矜恤下民降來大鳥振翰致殄十由衍登轉長喙用吞蝨箭未移晷帶紛紜作賦紀實以待史臣

一年麥秀三岐

兵備道沈允芳瑞麥歌高郵舟次聞寶令報麥兩岐兼有三岐者喜極而感還賦以俟采風昔賢多良規耕作及時詣納稼急輸公桑麻無雜稅場圃足雞豚外戶常不閉以茲感兩岐爲君歌豈弟古道憂復運生民鮮生計持籌悉織毫創例曰剔弊筋力無幾留黠者擇人嗟空餘息喘殘兀不了征藝竭毛分所甘析骨那可續俯仰痛無依恨不迸身逝鞭笞窮勿憐訟言功令厲仁人洞民隱究轉存經制不傳風力名正以疊彫敝巖邑從來瘡操刀歎難製積遍年復年況兼旱蝗厲去歲僅有秋窮簷稍粗飽何意麥隴登兩兩三三曳兩岐近已稀三莖古翠儷迺知邑令賢天眷表慈惠幸無吝瑞徵咄咄靡卒歲

倪文純瑞麥歌薰風吹散海邊愁大家小家麥有秋想高四望淚如流扶杖老翁拔其尤歎莖離離壯而修忽見三頭與二頭枝葉掩碧曉烟浮垂芒摇日金作鈎上帝明昭先來牟以息相吹以類求物性含和歸斯獻古者漁陽今我侯憶昔飛蝗飛滿疇盡鳥食之聲啾啾禱雨禱雩憂民憂取諸造化事若謀三年不止歌小休如此卓異達宸旒漢世循良褒特優入爲公侯出加聯

十四年旱蝗大疫

十五年四月風雹殺人畜蝗子化爲黑蜂與蝝並出食蝝盡鄉民取蝝覆釜中次日啟視俱化蜂飛去

國朝

順治五年十一月地震二日六年八月地震三日七年七月海嘯

朱汪河水高於岸數尺流鐵磬一枚至河滸重千觔十六年海嘯

十六年大水海嘯

康熙元年四月大雨雹其大者如斗小亦如拳死人畜無算五年

縣民劉思敬家生男面青二角三目皆直腦後一口殺之七年六

月十七日有聲從西南來如雷地大震城崩官廨民舍盡傾惟學

宮大成殿獨存倪長犀地震記前此書震矣無記茲記者何志甚也先是苦雨幾一月是日城南渠暴漲忽涸見者

異之頃雲作若大雨狀既雨殊未大而黃紫雲亘西壁由南迄北

聲若轆轤俄明月在天微風不作人方輕絺緩箑自命羲皇上人

忽震聲發西北雷轟電迅地勢閃忽跳縱疑火疑潮而震聲坼裂

聲崩梁摧壁聲折樹聲水聲風聲雞犬鳴吠聲人號哭聲呼急救

聲千百齊發遠近如沸時則颶黃塵擁宿霧慘曀布天濃烟遮地前此坐月開襟者倏皆摧垣斷壁中相與爲蛇爲蜎覆之黃壤猜以清泉矣城外舊無水忽謀水至急登陴視之水循城南汎溯湃奔駛退則細沙膩壤悉非贛物井水高二丈直上如噴凡河俱暴灑海反退舍三十里室自出泉寒冽不可觸裂地以丈尺許旋復合投石試之其聲空洞及旦人且謡曰神告我後十日當陷至期愬者卒奔避山上而是夜果大雨飛虹繞電天地若傾人樓樹下覘覆扉蓋笠者直大廈華廡矣城北得古窯一瓦器如豆意三代以上物覆出之者自是三歲卒常震居者懼覆壓編葦爲屋疾檯題若陷阱焉前覆壓死者以千數乃有麴蘗生醉覆宇下者掘土出之方化蝶未返倘所謂天者非耶

八年大水傷稼九年春旱倪長犀俞侯祈雨記贛無年其前此者矣

庚戌春復旱侯莅政方三月愬然憂之爲民修雩祀弗應遂步禱不蓋不乘日三出距城三十里有淵者俗謂龍居之侯徒跣赴焉盎其水以歸前致詞曰夫民神之主也是以聖王先成民而後致力於神故古之祭者奉牲以告謂民力之普存也奉盛以告謂其三時不害而時和年豐也奉醴以告謂其上下皆有嘉德無違心也所謂馨香無讒慝者舍民何以哉今數歲比不登鬼神實運志於茲藏爾國余亦唯是二三父老疲於供億將隕墜是懼如先王之政何何禮祀之爲也與神舍所憑依以不獲乘撫此百姓無甯

悔禍於茲蝗爾國俾得成修其祀事也書詞進神聽之既三日乃雨君子聞之曰誠不由中祝無益也侯於是乎能致誠矣夫澗溪沼沚之毛蘋蘩薀藻之菜潢汙行潦之水可以薦鬼神達嘉德故曰黍稷非馨明德維馨記不云乎風有采蘋雅有泂酌昭忠信也酌水以祀神能饗之忠信昭矣後二年蝗入境侯誠如前禱於蜡蝗返君子謂侯能以忠信洽其國

大雨雹二十日不止平地冰數寸海水擁冰薄岸望如岡阜亘數十里舊志

十年秋大旱蝗十一年五月蝗知縣俞廷瑞為文告之不為菑

俞廷瑞祭蜡逐蝗文

粤稽災祲何國蔑有唯我榆邑歲罹其咎旱澇頻仍饑饉相狃民不聊生羊殯星留今茲蝗孽何堪更受厥類孔熾蔽天積藪鼓翅振翼喓嚙嗾喁連根及穗總欲充口如湯沃雪如掃運帚嗚呼我民終歲南畝租稅以出婦子用保家少宿藏使無他吁蝗食斯苗死惟坐守嗚呼帝載秉慈職愛豈無神司捍禦以賴享祀未湮春秋報賽胡神不佑肆蝗加害瑞奉　朝命來蒞茲土治愧中牟飛蝗余侮惟愛民心神其聽觀與食余苗寧食余腑余惟一身民僉萬數虔率士民仰籲鑒俯況瑞與神均為民父父母之誼惟特惟怙民罹斯患誰任其辜曰潔牲牷曰陳簋簠來格匪遙拯此疾苦俾大有年為民篤祜瑞與明神庶無怒

雍正八年六月大雨七晝夜積水害稼

乾隆二十年正月大雷電雨雹三日乃止七月大風雨害稼海水汎溢三十六年朱汪鎮民家畜一牛漸跛鞭之不起殺之心大如盎剖視二蛇蟠其中長五六寸四足兩耳五十年六月大風五十一年春疫以上嘉慶州志舊志

嘉慶十三年六月大水壞民廬舍十五年正月晝晦赤霧四塞旋變五色夜大風十七年縣民家產豬兩首三目

同治六年縣民某甲家雞生小人長二寸

光緒元年四月十八日大雨雹雹大如盌秋旱六年十月夜有火龍自西南往東北赤光燭地鱗爪分明十年三月縣民家犬生五

子一無口目耳生腮後冬縣北生蝝有螽數千食之盡

王佐良修　王思衍纂

【民國】贛榆縣續志

民國十三年(1924)鉛印本

雜記祥異　佚事

祥異

宣統元年東吳鎮民仲延秀家失一雌雞六十餘日年節掃舍於供棹間得之徧身綠霉有微息飼之甦毛漸落徧體生新朱冠紫羽繡頸錦臆翠翎脩尾火目金距司晨知暮居然一雄雞矣誌之以資博物者攷證焉

宣統元年十月二十六日地震數次房屋有傾圮者

宣統三年元旦大水

三年七月二十日夜吳山崩裂寬二丈許深如之長數十丈

三年十二月日縣城忽然若坍數十丈廟宇房舍皆現旋復如故

城北十數里多望見者

三年十二月三十夜風雨雷電大作

光緒季年竟無可記蓋無蒐輯之者所佚多矣

贛榆縣續志卷四終